ERRATA

Page 12, ligne 13. — Supprimer le mot (**et**) *s'appelle cercle horaire.*

Page 50, ligne 29. — Mettre **déclinaison et déviation** au lieu de *variation et déviation.* — Dans la phrase, Corriger le relèvement de la variation du compas, etc.

Page 61, ligne 2. — Mettre la lettre **C** au lieu de *G.*

Page 98, ligne 20. — Pas d'accent à **à** dans la phrase.
Prendre pour chercher **a** la date du 12.

Page 102, ligne 10, note 3. — Mettre **TmP_C** ; on a omis (**_C**).

Type II (6), notes 1. — On a omis les mots **on connaît** dans la phrase..,. à l'observatoire *on connait* l'état absolu de P et sa marche diurne p.

TRAITÉ ÉLÉMENTAIRE

d'Astronomie et de Navigation

SUIVI DES TYPES

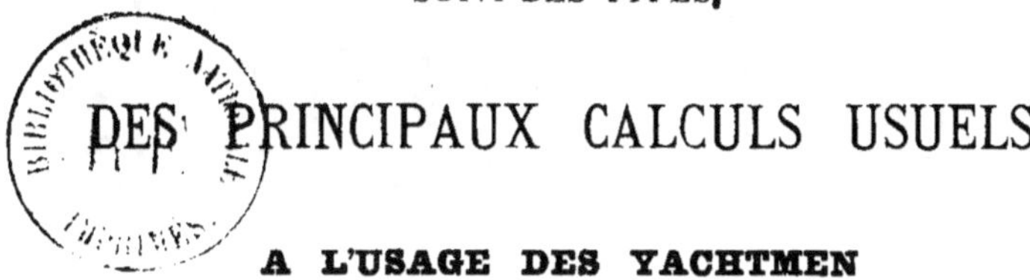

DES PRINCIPAUX CALCULS USUELS

A L'USAGE DES YACHTMEN

HONORÉ D'UNE MÉDAILLE & DE L'APPROBATION DE L'UNION DES YACHTS FRANÇAIS

PAR

M. BRIANT DE LAUBRIÈRE

Ancien Officier de Marine

BREST

IMPRIMERIE ET LITHOGRAPHIE P. GADREAU, RUE DE SIAM, 99

1896

Au Contre-Amiral Baron Lagé,

Président de l'Union des Yachts Français

Amiral,

Permettez à un ancien Officier de Marine de vous dédier, à vous le Président si dévoué de l'UNION DES YACHTS FRANÇAIS, le **Traité élémentaire d'Astronomie et de Navigation.**

C'est un résumé bien succinct des Cours si brillamment professés à l'École Navale. Destiné spécialement aux Yachtmen, je le crois cependant suffisant, tel qu'il est, pour la pratique de leur navigation.

Il y a deux ans, mon excellent ami, le comte de Dalmas, m'avait aimablement invité à faire à bord de son beau yacht le " CHAZALIE " la traversée du Havre à Menton. A plusieurs reprises, il me fit part du regret qu'il éprouvait de ne pas voir entre les mains des yachtmen un traité assez simple, mais en même temps assez complet pour leur permettre de déterminer eux-mêmes la position observée de leurs yachts.

C'est de cette idée qu'est née cette étude. Je serai heureux si ceux de mes collègues qui voudront bien lire ces quelques pages peuvent arriver facilement au but que je me suis proposé de leur faire atteindre.

Veuillez agréer, Amiral,
l'assurance de mes sentiments très respectueux.

M. Briaut de Laubrière.

Octobre 1896.

Abréviations employées dans le Texte et les Types des calculs.

Z Point observé
- L — Latitude observée.
- G — Longitude observée.

L mérid. — Latitude méridienne.

Ze Point estimé
- Le Latitude estimée
- Ge Longitude estimée
  - l Changement en latitude
  - e chemin Est - Ouest.

$L m$ — Latitude moyenne.

Z_1 Premier point déterminatif
- L_1
- G_1

Z'_1 Premier point déterminatif ramené
- $L'_1 = L_1 + l$
- G'_1

Z_2 Deuxième point déterminatif
- L_2
- G_2

H inst. — Hauteur instrumentale
i — erreur instrumentale
H obs — Hauteur observée
H app. — Hauteur apparente
H v A — Hauteur vraie d'un astre
☉ — Bord inférieur du soleil
☉ — Bord supérieur
dist. zénith. — Distance zénithale.

C des T. — Connaissance des Temps
D — Déclinaison d'un astre
Δ — Distance polaire
AR — Ascension droite du soleil
AR a — Ascension droite d'une étoile
AR m — .... du soleil moyen
P — Angle au pôle du soleil
Pa — .... d'une étoile
α — Coefficient des circomméridiennes
γ — Point vernal.
Nv. Sv — Nord vrai / Sud vrai
Nm Sm — - d°- magnétique / - d°- magnétique
Nc Sc — - d°- du compas / - d°- du compas
Zv. — Azimut vrai
Zc — du compas
N^on — Variation
E — Temps moyen à midi vrai

Ts — Temps sidéral à midi moyen de Paris
Tv — ...... vrai
Tm — ...... moyen
Hs — Heure sidérale
Hv — vraie
Hm — moyenne
HsL — Heure sidérale d'un lieu
HvL — vraie d'un lieu
HmL — moyenne d'un lieu
Tv P — Temps vrai de Paris
Tm P — moyen de Paris
HmP — Heure moyenne de Paris
C — Chronomètre
c — Marche diurne de C
M — Compteur
TmP - C — État absolu de C
μ — Correction Pagel
λ ou ΔL — Correction de la latitude
ΔG — .... longitude
p.p. — parties proportionnelles
u — unité de hauteur
c — coefficient de la marée en centièmes

Traité élémentaire

d'Astronomie et de Navigation.

Chapitre premier.

Définitions générales.

La Terre, que l'on peut supposer sphérique, est isolée dans l'espace, comme l'indique la forme arrondie de l'ombre qu'elle projette parfois sur la lune.

La mesure approchée de son rayon est d'environ 6.367.400 mètres; les plus hautes montagnes n'atteignant pas 9000^m d'altitude, il s'en suit que sur une sphère de 1^m de diamètre, représentant le globe sphérique leur saillie ne serait pas de 0^{mm}7.

Sous l'influence des forces centrifuges développées dans sa rotation, la Terre, dont l'état primitif de liquidité ignée est attesté par de nombreux phénomènes géologiques, a dû se renfler à son équateur, et prendre la forme d'un ellipsoïde de révolution un peu aplati aux pôles; il s'en suit que le rayon terrestre, c'est-à-dire les droites qui vont du centre de cet ellipsoïde à sa surface, augmentent du pôle à l'équateur.

Les observations pour la mesure du rayon terrestre sur différents points du globe confirment cette diminution; le rayon polaire est plus petit d'à peu près 21 kilomètres; on voit donc que l'aplatissement serait insensible à la vue sur un globe terrestre, ce qui permet de considérer dans son ensemble la Terre comme sensiblement sphérique.

Verticale d'un lieu. La verticale d'un lieu est la direction indiquée par le fil à plomb de la pesanteur à ce lieu.

Verticaux. Tout plan passant par la verticale d'un lieu est nommé un vertical.

Plan d'horizon. Tout plan perpendiculaire à la verticale est un plan d'horizon; tous les verticaux lui sont donc parallèles.

Horizon apparent. Horizon visuel. Dépression. L'Horizon apparent d'un lieu A est le plan d'horizon h h' (fig. 1) tangent à la surface des mers au pied de la verticale de ce lieu.

L'Horizon visuel est le cône droit circonscrit à cette surface, et déterminé par les rayons visuels tels que Ac, Ac' menés de l'oeil aux différents points de l'horizon de la mer. L'angle h, Ac de l'un de ces rayons avec un plan d'horizon se nomme dépression vraie.

Fig. 1.

Atmosphère. L'atmosphère est la couche gazeuse qui enveloppe la terre: les rayons lumineux qui traversent l'atmosphère sont un peu déviés par réfraction; ils sont de plus, comme les rayons calorifiques, partiellement absorbés; c'est de cette absorption que dépend l'affaiblissement considérable de l'éclat et de la chaleur du soleil près de l'horizon, les rayons ayant alors un plus long trajet à faire dans l'atmosphère que si l'astre est élevé.

L'Aurore et le Crépuscule sont dûs à l'illumination des parties supérieures de l'atmosphère, soit quelque temps avant le lever du soleil, soit quelque temps après son coucher.

Deux astres, le Soleil et la Lune se distinguent par leurs diamètres considérables: la présence du premier au-dessus de l'horizon détermine le jour; le second, visible tantôt la nuit, tantôt le jour, est remarquable par la variété de ses aspects.

Les autres astres ne se voient à l'œil nu que pendant la nuit.

Les étoiles ou fixes ont pour caractère leur immobilité relative; la distance angulaire de deux étoiles quelconques reste sensiblement la même pendant une très-longue suite d'années.

La lumière des étoiles est en général scintillante.

On rattache à ces astres les Nébuleuses, taches blanchâtres plus ou moins étendues, dont la position est invariable parmi les étoiles.

Les Planètes et les Comètes se déplacent plus ou moins lentement à travers les étoiles; les premières, vues dans la lunette paraissent sous la forme générale de disques lumineux; parfois elles sont accompagnées de corps plus petits, mobiles eux-mêmes autour de l'astre principal, et nommés Satellites de la Planète.

Les Comètes n'ont qu'une apparition temporaire; elles sont vues sous la forme générale d'un noyau brillant entouré d'une nébulosité nommée chevelure qui se prolonge en une traînée lumineuse appelée queue de la comète; le noyau et la chevelure forment la tête.

Classification des astres.

Étoiles ou Fixes.

Nébuleuses.

**Planètes..
Comètes.**

Étoiles filantes. Bolides, etc..

Distance des Astres à la Terre.

Sphère céleste.

Les étoiles filantes, les bolides ou globes de feu qui traversent le ciel avec rapidité en ne durant que quelques instants ne sont pas des astres.

La distance du Soleil à la Terre est d'environ 38 millions de lieues, et les rayons lumineux mettent environ $8^m 18^s$ à nous arriver à la vitesse approchée de 300.000 kilomètres à la seconde.

La distance de la Lune, qui est un satellite de la Terre, est environ 400 fois moindre : le globe solaire est environ 1 million 400.000 fois plus gros que celui de la Terre, la Lune $\frac{1}{80}$ du Soleil.

L'une des étoiles les plus rapprochées de nous (α du Centaure) est encore tellement éloignée que sa lumière met 3 ans et demi à nous parvenir.

Pour d'autres étoiles elle emploie 100, (72 pour la chèvre) 1200, 2000, 10.000 ans et il y a des nébuleuses à une distance telle que leurs rayons lumineux ne peuvent nous arriver en moins de cinq millions d'années.

Qu'est-ce donc que la Terre, par rapport à cette immensité de l'espace, si non un point infiniment petit ?

Les astres sont trop éloignés de nous pour que nous puissions juger à vue s'ils sont ou non à la même distance, on a donc imaginé une petite sphère décrite de l'œil de l'observateur avec un rayon quelconque et on prend sur cette sphère la projection de chaque astre.

Si par ailleurs, on observe à un moment donné et dans différents lieux de la Terre, la distance angulaire de deux étoiles, on remarque que cette distance angulaire est invariable, ce qui ramène à dire que les droites partant des différents points pour se diriger vers la même étoile sont parallèles : la dimension de la est donc infiniment petite relativement à la distance des astres; cette dimension est inappréciable pour les étoiles.

Au lieu de supposer la sphère céleste décrite de l'œil de l'observateur, on place son centre au centre de la Terre, c'est la sphère céleste géocentrique, la seule dont on s'occupe dans tous les calculs.

Zénith.   Le Zénith d'un lieu est le point où la verticale de ce lieu, prolongée au-dessus de la tête de l'observateur, rencontre la sphère céleste.

Nadir.   Le point opposé est le Nadir.

Antipodes.   Les deux lieux situés aux extrémités d'un même diamètre terrestre, sont dits antipodes l'un de l'autre; le Zénith de l'un correspond au nadir de l'autre.

Mouvement diurne.   Supposons un observateur dans nos régions, il voit le soleil se lever journellement d'un côté de l'horizon, s'élever à une certaine hauteur, puis redescendre et se coucher du côté opposé; s'il se tourne vers la partie du ciel où se trouve le soleil au milieu du jour, c'est-à-dire au moment où cet astre atteint sa plus grande hauteur au-dessus de l'horizon, il peut déterminer dans le ciel quatre régions:

Celle de droite où se couche le soleil est l'Occident ou Ouest,

——— gauche ——— lève ——————— l'Orient ou Est,

La région située en avant est le Sud.

——————————— arrière — le Nord.

Si l'observateur se tourne la nuit vers le Sud, il voit les astres suivre une route analogue à celle du soleil, en décrivant de gauche à droite des arcs d'amplitudes inégales qui les rapprochent plus ou moins du Zénith; s'il se tourne vers le Nord, il voit que la plupart des astres n'ont ni lever ni coucher, qu'ils se meuvent tantôt de droite à gauche, c'est-à-dire de l'Est à l'Ouest en atteignant une élévation maximum, tantôt de gauche à droite, ou de l'Ouest à l'Est, en passant par une élévation minimum : tous ces astres paraissent tourner circulairement en sens inverse des aiguilles d'une montre, autour d'une étoile brillante, à peu près immobile vers le Nord, à une certaine hauteur, et nommée Étoile polaire.

Étoile polaire.

Ces déplacements modifient sans cesse l'aspect de la sphère céleste ; mais en les suivant pendant plusieurs nuits, on reconnait bientôt que les différentes figures formées par les astres paraissent invariables de formes.

On peut donc regarder les étoiles comme fixées à la sphère céleste, et celle-ci comme animée d'un mouvement de rotation autour d'un diamètre passant dans le voisinage de l'étoile polaire ; Cette rotation, qui entraine tous les astres, est le mouvement diurne de la sphère céleste.

Mouvement Diurne.

Supposons fixe la sphère céleste, et supposons également que ce soit la Terre qui tourne autour de ce même axe, mais en sens inverse c'est-à-dire de droite à gauche pour un spectateur couché sur l'axe du monde, la tête vers le pôle nord ; les mêmes mouvements se produisent : c'est ainsi que se trouvant dans un navire qui évite doucement dans une rade, on est tenté d'attribuer aux objets extérieurs le mouvement de rotation dont il est animé lui-même en sens inverse.

Le mouvement Diurne n'est qu'apparent.

La Terre tourne effectivement de l'Ouest à l'Est autour d'un axe passant par son centre, l'axe de rotation diurne apparente, qui à cause de l'immense éloignement de ces astres par rapport aux dimensions de notre globe, nous a paru passer indifféremment par un lieu quelconque, passe donc en réalité par le centre de la Terre.

L'axe de révolution de la sphère céleste se nomme

Axe et Pôles du monde.

axe du monde ; les deux points P et P' où il rencontre la sphère sont nommés pôles du monde ; l'un voisin de l'étoile polaire est le pôle nord, l'autre le pôle sud.

Le pôle situé au-dessus de l'horizon d'un lieu est le pôle élevé ; le pôle situé au-dessous est le pôle abaissé.

Dans nos régions le pôle nord est donc le pôle élevé.

Soit C le centre de la Terre et de la sphère céleste, Z le zénith d'un lieu, P.P' l'axe du monde. L'Équateur céleste est le grand cercle QQ' perpendiculaire à l'axe du monde ; il divise le ciel en deux hémisphères Nord et Sud (fig. 2).

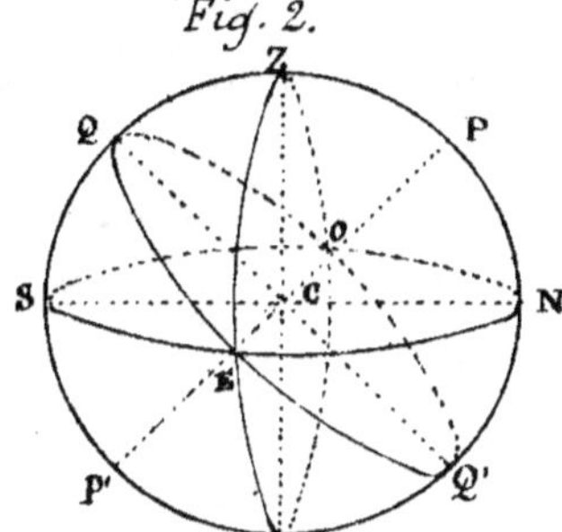

Le plan méridien d'un lieu c'est le plan ZNP'S mené par la verticale CZ du lieu et l'axe du monde PP'.

Le demi-méridien PZP' qui passe par le zénith est appelé méridien supérieur ; l'autre moitié PZ'P' qui passe par le nadir Z' est le méridien inférieur.

Méridienne.

L'intersection NS de l'horizon et du plan méridien est la méridienne du lieu ou la ligne nord-sud.

L'intersection de l'horizon et de l'équateur est la ligne E.O. Est-ouest.

Ces deux directions NS et EO se coupent à angle droit sur l'horizon, car les plans de l'équateur et de l'horizon sont tous deux perpendiculaires au plan méridien.

Points cardinaux.

Les points d'intersection N.O.S.E. s'appellent points cardinaux.

Premier vertical.

Le plan ZOE mené par la verticale et la ligne EO est un vertical perpendiculaire au méridien : on le nomme premier vertical.

Chapitre deuxième.

Supposons la terre sphérique; soit C son centre qui est en même temps le centre de la sphère céleste (fig. 3).

Équateur terrestre. L'équateur terrestre est le grand cercle q m q' perpendiculaire à l'axe; il partage le globe en deux hémisphères nord et sud.

Parallèles. Les parallèles terrestres sont des petits cercles parallèles à l'équateur, tels que A A'.

Méridiens. Les méridiens sont des grands cercles dont les plans passent par la ligne des pôles; le méridien d'un lieu est le demi-méridien passant par le lieu et compris entre les pôles.

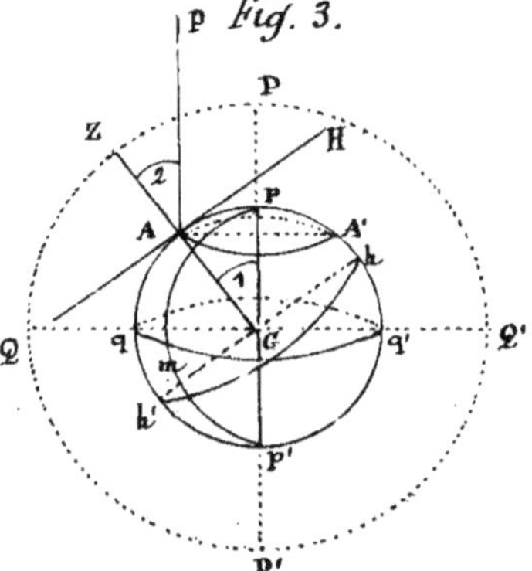

Soit A un point quelconque du globe. La verticale est C A Z; son méridien supérieur est le demi-cercle p A p'.

La position d'un point quelconque, et par suite la position d'un navire sur les mers sera déterminée par deux valeurs angulaires appelées coordonnées géographiques et qui sont la

Coordonnées géographiques. Latitude et la Longitude.

Latitude. 1° La Latitude c'est l'arc Aq de méridien compris entre le lieu et l'équateur; elle varie de 0° à 90° en partant de l'équateur et porte le nom de l'hémisphère qui contient le lieu A.

Elle est aussi égale à l'élévation du pôle au-dessus de l'horizon.

En effet le pôle peut être supposé remplacé par une étoile, or nous avons vu au chapitre 1er (Sphère céleste) que les droites menées des différents points de la Terre à une même étoile sont parallèles.

C P et A P sont donc parallèles.

L'angle 1 et l'angle 2, donc leurs compléments puisqu'il s'agit d'angles rectangles sont égaux. A H étant la ligne d'horizon, l'angle H A P (élévation du pôle au-dessus de l'horizon) est égal à l'angle A C q de latitude.

Le complément A p de la latitude A q s'appelle colatitude.

2º La longitude est l'arc m q d'équateur compris entre le méridien du lieu p A p' et un premier méridien de convention p m p'. — Pour la France le premier méridien est celui qui passe par l'observatoire de Paris.

La longitude se compte de 0° à 180° vers l'Est ou vers l'Ouest du méridien déterminatif.

Pour les Anglais le premier méridien est celui passant par l'observatoire de Greenwich.

La longitude de Grenwich par rapport au méridien de Paris est de 2° 20' 14", 4 Ouest.

Un parallèle est donc le lieu géométrique des points qui ont même latitude, l'équateur celui des points dont la latitude est nulle, et un méridien celui des points qui ont même longitude.

La position d'un point sur la sphère terrestre sera donc déterminé si on connaît sa longitude et sa latitude.

Déterminer à la mer ces deux coordonnées s'appelle faire le point.

Connaissant le point de départ, si l'on a estimé la direction suivie depuis lors par le navire sur le globe

et le chemin parcouru, on conçoit que l'on puisse déterminer à chaque instant la position où l'on se trouve; ce
mode de résolution du problème constitue la Navigation
par estime.

Mais l'estime, tout en suffisant pour un intervalle de temps peu considérable, ne tarderait pas à donner
des résultats très erronés, par suite de certaines causes
dont on ne peut toujours tenir compte et du manque d'exactitude du chemin parcouru; on est donc obligé de recou-
Point observé. rir fréquemment aux procédés de la navigation astronomique qui fait connaître, par l'observation des astres,
la position du navire.

C'est ce que l'on appelle le *point observé.*

Quelque soit le point du globe où se trouve l'observateur, il a au-dessus de l'horizon le zénith Z, le pôle de
l'hémisphère dans lequel il est situé P, et un centre A.

Formons sur la sphère céleste, et par arcs de grands
cercles un triangle avec les trois points.

Triangle de Le triangle PZA ainsi formé sur la sphère céleste
position PZA. géocentrique s'appelle triangle de position, et c'est en
calculant ses éléments que l'on peut avoir à un mo-
ment donné la position exacte du navire.

Nous nous occuperons principalement du Soleil,
tout en indiquant brièvement quelques calculs relatifs
aux étoiles.

Déterminons maintenant les éléments qui entrent
dans le triangle de position. (fig. 4).

Soit PQP'Q' la sphère céleste, et pq p'q' la sphère
terrestre: PP' ligne des pôles est l'axe du monde, QQ' l'é-
quateur céleste, qq' l'équateur terrestre.

Tout plan mené par PP' coupe la terre suivant
un méridien, et la sphère céleste suivant un grand

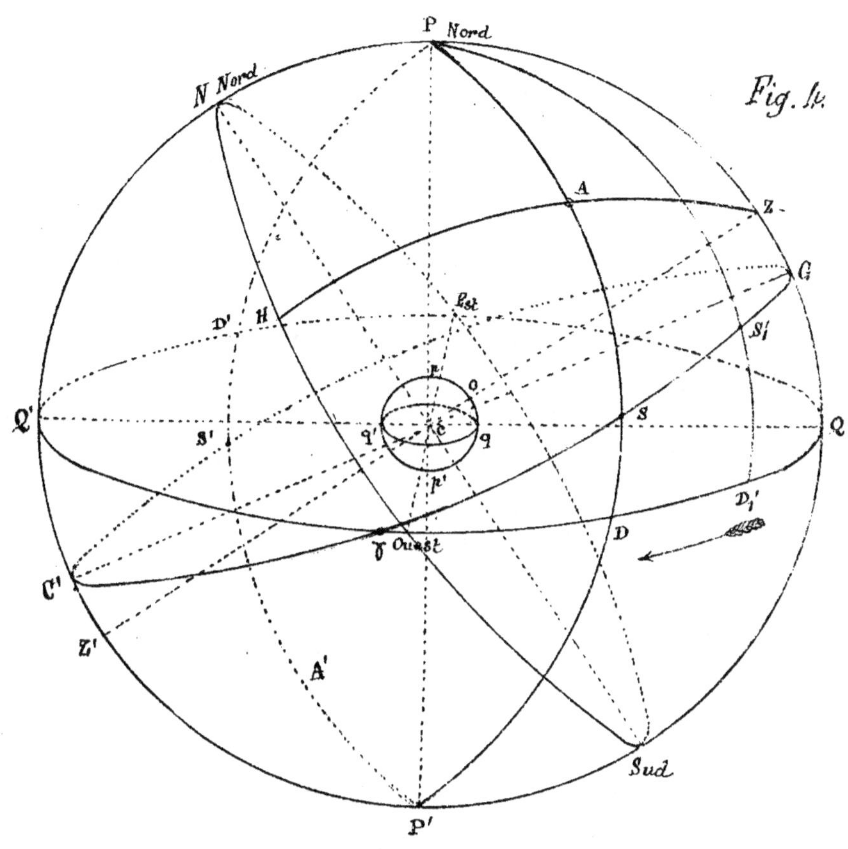

Légende.

P.P'	Ligne des pôles – axe du monde
Q.Q'	Équateur céleste
q.q'	Équateur terrestre
cOZ	Verticale du lieu O
Z	Zénith de ce lieu
Z'	Nadir
PZP'	Méridien supérieur
PZ'P'	Méridien inférieur
ZQ = PN	Latitude du lieu
PZ	Colatitude
A, A'	Deux astres
PAP, PA'P'	Cercles de déclinaison de ces astres
AD, A'D	Déclinaisons .... D
γ	Point vernal.
γD, γD QD'	Ascensions droites (AR a) des astres A et A'
PA, PA'	Distances polaires $PA = 90° − D$ $PA' = 90° + D$
NHS	Horizon vrai du lieu O (par rapport au centre de la Terre).
AH	Hauteur vraie de l'astre A
ZA	Distance zénithale
PZA	Triangle de position pour l'astre A
Cγ C'	Plan de l'écliptique
S S' S₁	Positions du Soleil sur l'écliptique
SγQ	Inclinaison de l'écliptique = 23°27'
CQ = 23°27'	Maximum de la déclinaison N ou S du Soleil.

cercle tel que PAP' ou PA'P', A et A' étant deux astres sur la sphère.

Soit O un point quelconque de la terre, Z le zénith de ce point, OZ la verticale.

Le méridien de ce lieu O est le grand cercle passant par Z et la ligne des pôles PZP'.

Le grand cercle PAP' ou PA'P' est nommé cercle de déclinaison de l'astre A ou A'.

Il fait donc avec le méridien d'un lieu O un angle ZPA qui varie à chaque instant selon la position de l'astre: ce cercle de déclinaison entraîné et par le mouvement diurne de la sphère céleste et par le mouvement propre de l'astre, et s'appelle cercle horaire.

La position apparente de l'astre A ou A' sera fixée relativement à la sphère céleste par deux coordonnées angulaires:

1°.- L'ascension droite c'est l'arc γD ou γD' d'équateur compris entre le cercle de déclinaison de l'astre et un point conventionnel fixe; ce point conventionnel, appelé point γ est celui où se trouve le Soleil sur la sphère étoilée au commencement du printemps. (On l'appelle aussi point vernal).

L'ascension droite se compte de 0 à 360° à partir du point γ et en sens inverse du mouvement diurne apparent indiqué par le sens de la flèche (Sens E et O).

L'ascension droite de l'astre A est donc γD; celle de l'astre A' est γDQD'.

2°.- La déclinaison est l'arc AD ou A'D' du cercle de déclinaison ou horaire compris entre l'astre et l'équateur; par abréviation D.

La distance polaire est l'arc PA ou PA' compris sur le même cercle horaire entre le pôle élevé et l'astre.

par abréviation 1.

La déclinaison est toujours inférieure à 90° et porte le nom de l'hémisphère où l'astre est situé.

Pour le Soleil elle est donc Nord du 20 Mars au 22 Sept^bre tant que le soleil se trouve dans l'hémisphère nord, et Sud du 22 Septembre au 20 Mars ; elle est donnée pour chaque jour dans la Connaissance des temps et varie de 23°27' nord à 23°27' sud.

Soit S, S'_1, S' trois positions du Soleil sur la sphère céleste.

Les déclinaisons correspondantes sont ($SD\ S'_1D'_1$ nord) et $S'D'$ sud P'étant le pôle nord. Les distances polaires sont respectivement ($PS.\ PS'_1$) égales à $PD-SD.\ PD'_1 - S'_1D'_1$ ou $90° - D$ et pour la position S' $PS' = PD' + S'D' = 90° + D$.

Elles sont donc pendant 6 mois de 90° - déclinaison et pendant les 6 autres mois de 90° + déclinaison.

Angle horaire P.a. C'est l'angle ZPA du triangle de position formé par le méridien supérieur PZ du lieu et le cercle horaire ou de déclinaison PAD.

Cet angle se compte de 0° à 360°.

Ainsi pour le Soleil à midi, c'est-à-dire lorsque cet astre passe au méridien supérieur, son angle horaire est 0°; entre midi et minuit, il varie de 0° à 180°, et de minuit à midi de 180° à 360°.

Il s'en suit que lorsque l'on observe le Soleil le matin, vers 8ʰ par exemple, son angle horaire est d'environ 300° ou 20ᵗ en temps; le soir vers 5ʰ il est de 75° ou 5ʰ.

Pour tous les astres l'angle horaire se compte de 0° à 360° à partir du moment où l'astre passe au méridien supérieur.

Angle au pôle P. C'est encore le même angle ZPA toujours moindre que 180° et formé par le méridien supérieur et le cercle horaire.

c'est l'angle en P du triangle ZPA. Lorsque le soleil passe au méridien supérieur à midi il est 0°; il croît de 0 à 180° de midi à minuit, et décroît de 180 à 0° de minuit à midi.

Angle horaire civil Pc — C'est encore le même angle, mais compté de 0 à 180° à partir soit du passage au méridien supérieur, soit du passage au méridien inférieur; c'est-à-dire que les heures se comptent de 0 à 12 de midi à minuit et de minuit à midi.

Relations entre ces trois angles. — Dans l'Ouest après le passage au méridien supérieur Angle au pôle P = angle horaire Pa = angle horaire civil Pc

Dans l'Est, après le passage au méridien inférieur

Angle au pôle P = 360° - Angle horaire Pa

= 180° - angle horaire civil Pc

ou   Pa = 360° - P.

Ecliptique. — Nous avons vu qu'à un moment donné la position d'un astre et par suite du Soleil est déterminée, sur la sphère céleste par son ascension droite R et sa déclinaison D.

Soit R D et R D_1 deux R du Soleil et S D S_1 D_1 deux déclinaisons correspondantes; les positions apparentes sur la sphère céleste sont respectivement S et S_1.

Si l'on mène un grand cercle passant par ces deux points, il passe également par toutes les autres positions déterminées de la même manière; le Soleil décrit donc annuellement un grand cercle de la voûte céleste.

Ce grand cercle s'appelle écliptique; il est décrit en une année par le Soleil dans le sens direct (inverse du sens de la flèche); il est incliné sur l'équateur selon l'angle S R D: cet angle est d'environ 23° 27'.

La plus grande déclinaison du Soleil est donc égale à l'inclinaison de l'écliptique.

Coordonnées du Soleil par rapport à l'horizon — Soit C le centre de la Terre, et un point 0 de sa surface (fig. 5); considérons ce point 0 comme le centre de la sphère céleste,

apparent.

COZ est la verticale du lieu O.

OP la direction de l'axe du monde.

NPS le méridien du lieu.

SDN son horizon apparent (cercle tangent à la surface de la Terre au point O).

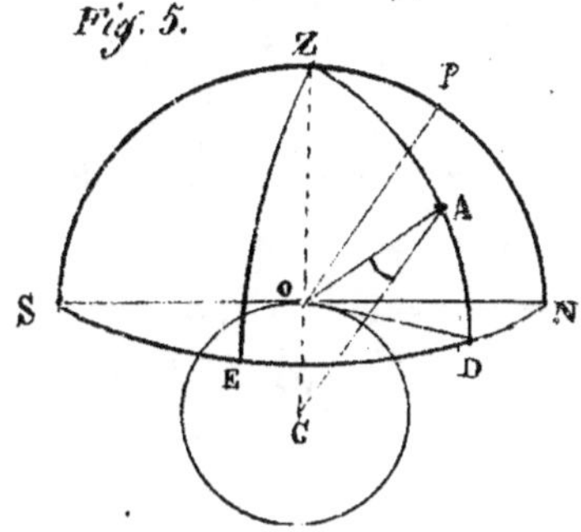

Fig. 5.

La position apparente de l'astre A sera déterminée si l'on connaît :

1º L'azimut, c'est-à-dire l'angle PZA, ou ce qui revient au même l'arc d'horizon ND il se compte de 0 à 180° vers l'est ou vers l'ouest en partant du point de l'horizon qui correspond au pôle élevé.

Donc si la latitude est nord, et que ND soit de 50°, l'azimut de l'astre A est N 50° E.

Pour le soleil, en nous supposant dans l'hémisphère nord, l'azimut est du lever à midi Nord (Nº) Est — et de midi à son coucher Nord (Nº) Ouest.

Amplitude: Au lieu de l'azimut on considère souvent l'amplitude qui est l'arc ED compris entre les points Est et Ouest, et le pied du vertical de l'astre.

Pour le Soleil, quand sa déclinaison est nord, (en nous supposant dans l'hémisphère nord), c'est-à-dire du 20 Mars au 20 Septembre l'amplitude vraie au lever du soleil est E Nº Est, et au coucher O' Nº nord.

Quand sa déclinaison est sud du 20 Septembre au 20 Mars l'amplitude au lever est S Nº Est et au coucher S Nº Ouest.

Autrement dit, faisons face à l'Est ou à l'Ouest, selon que nous considérons le lever ou le coucher du Soleil, ce lever ou ce coucher a lieu pendant 6 mois à droite des points

Est ou Ouest, et pendant les 6 autres mois à gauche de ces mêmes points.(pour le même jour à gauche de l'Est et à droite de
l'Ouest ou inversement).

Distance Zénithale apparente:

2° La distance zénithale apparente c'est l'angle ZOA;
le complément de cet angle est AOD. C'est la hauteur apparente
de l'astre A.

L'on considère généralement la position de l'astre

Coordonnées du Soleil par rapport à l'horizon vrai.

comme si l'œil de l'observateur et le centre de la sphère céleste, se trouvaient au centre de la Terre.

L'azimut vrai est l'angle PZA; c'est le même
qu'dans le premier cas (fig. 6)

Fig. 6.

La distance zénithale est
ZCA, et le complément de cet
angle soit ACD est la hauteur
vraie.

Si nous supposons l'astre
A observé simultanément des
deux points O et C, les deux
rayons visuels OA et CA forment entre eux un angle OAC

Parallaxe.

que l'on nomme parallaxe.

Cet angle OAC varie selon la position de l'astre; il est
maximum lorsque l'astre se trouve à l'horizon en A' et
s'appelle alors parallaxe horizontale CA'C.

Donc si après avoir observé la hauteur d'un astre au
point O, vous voulez ramener sa hauteur comme si elle était
prise du centre de la Terre, il faut corriger cette hauteur de
la parallaxe.

La parallaxe horizontale du Soleil est de 8,"8; quantité
négligeable dans les calculs de mer.

Il n'en est pas de même pour la Lune dont la distance
à la Terre n'est que de 60 rayons terrestres au lieu de 24.000
pour le Soleil; il s'en suit que la parallaxe de la Lune est

relativement considérable.

La parallaxe horizontale de la Lune est d'environ 57'5 : elle varie entre 53' & 62'.

Les étoiles, vu leur immense éloignement de la Terre, n'ont pas de parallaxe.

Chapitre III.

Mesure du Temps.

L'invariable uniformité de la rotation diurne du ciel fournit un moyen de mesurer la durée du Temps écoulé.

Les trois unités de temps employé s'appellent : jour sidéral, jour vrai, jour moyen selon que l'on considère le point ♈ le Soleil vrai ou le Soleil moyen.

Jour sidéral — Le jour sidéral est la durée d'une révolution diurne de la sphère céleste, ou le temps qui s'écoule entre deux passages consécutifs du même point du ciel, au méridien d'un lieu.

Il était nécessaire de désigner un point de la sphère céleste pour origine du jour sidéral, on a donc choisi le point fictif ♈ qui sert déjà comme nous l'avons vu, d'origine aux ascensions droites ; on peut le supposer comme une étoile de la sphère céleste.

L'origine du jour sidéral en un lieu quelconque est donc l'instant du passage du point vernal ♈ au méridien supérieur de ce lieu.

Jour vrai. — Le jour vrai est le temps d'une révolution diurne du soleil, ou l'intervalle de deux passages consécutifs de cet astre au même méridien.

Nous avons supposé que le soleil décrivait en une année sur la sphère céleste un grand cercle nommé *écliptique*, en réalité la courbe tracée par le soleil dans le plan de l'écliptique est...

une ellipse, dont le centre de la terre occupe un des foyers. Pour cette raison et d'autres encore qui ne peuvent entrer en discussion dans cet aperçu d'Astronomie, le temps vrai n'augmente pas pro-portionnellement à la durée écoulée, une heure vraie, par exemple, représente des durées différentes à diverses époques, et à la rigueur, dans le même jour.

La mesure du temps par le soleil, nous étant imposée par la nature même, mais le temps solaire ou le temps vrai ne variant pas uniformément on conçoit que l'on puisse remplir cette condi-tion indispensable d'uniformité, et cela sans s'écarter beaucoup du temps vrai (le cercle horaire du soleil vrai ayant un mou--vement propre qui diffère très peu de l'uniformité) en pre-nant pour unité principale du temps la durée moyenne des jours solaires qui se produisent dans un grand nombre d'années, ou le jour solaire moyen ; ce qui ramène à imaginer un so--leil idéal se mouvant uniformément sur l'équateur.

La position de ce soleil idéal appelé aussi *soleil moyen*, est déterminée par son ascension droite que l'on appelle *moyenne*.

Le *Temps moyen* est l'angle horaire de ce soleil moyen, com--me le *Temps vrai* est l'angle horaire du *Soleil vrai*.

Le soleil moyen se meut uniformément sur l'équateur sans s'écarter beaucoup du pied du cercle horaire du soleil vrai.

L'intervalle séparant deux passages consécutifs du soleil moyen au méridien d'un lieu s'appelle *jour moyen*, qui divi-- sé en 24 parties égales donne *l'heure moyenne* ou

$$\frac{360°}{24} = 15°.$$

Une heure moyenne représente donc une variation de 15° de l'angle horaire du Soleil moyen.

La différence entre le *Temps vrai* et le *Temps moyen* s'appelle *équation du temps*, le temps moyen est tantôt en avance, tantôt en retard sur le temps vrai, le plus grand écart est de $16^m\ 20^s$ vers le 1er Novembre, à ce moment le temps vrai avance de $16^m 20^s$ sur le temps moyen.

L'observation du soleil fournit le temps vrai; l'équation du temps est la correction à ajouter au temps vrai, pour obtenir le temps moyen.

Elle est donnée dans la Connaissance des Temps pour chaque jour de l'année sous la dénomination de Temps moyen à midi vrai (page de gauche) et est tantôt additive, tantôt soustractive, mais dans ce cas la connaissance des Temps donne son complément à 12^h.

(Ainsi si l'équation du temps est (-10^m) la C. des T. donne $11^h 50^m$); il s'en suit que dans les calculs nautiques après avoir obtenu par l'observation l'heure vraie du lieu, il faut toujours lui ajouter l'équation des temps, calculée pour l'heure de l'observation, pour avoir l'heure moyenne du lieu.

Relations entre l'heure sidérale d'un lieu, l'angle horaire et l'ascension droite d'un astre à un instant quelconque.

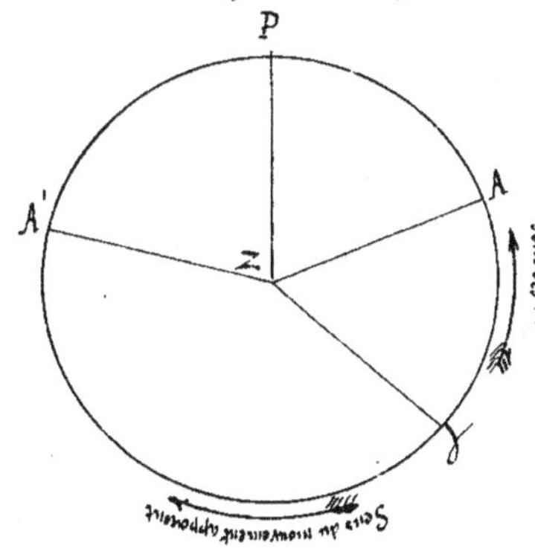

Soit PZ le méridien d'un lieu perpendiculaire au plan de l'équateur céleste (vu du pôle Nord) représenté par la circonférence, A, A' deux astres, γ le point gamma.

ZA, ZA', Zγ sont les intersections des cercles horaires des astres A, A' γ avec l'équateur.

PA, PγA', Pγ représentent donc la valeur de l'angle horaire pour chacun de ces astres. γA et γAPA' sont les ascensions droites de A et A'.

L'heure sidérale (hs) est l'angle PZγ représenté par la valeur de l'arc PAγ.

Pour la position A, c'est à dire l'astre à l'Ouest on a

$$PA\gamma = PA + \gamma A,$$

or $PA\gamma = hs$ $PA = ha$ (angle horaire de l'astre A), $\gamma A = AR$ de A.

$$ou \quad hs = ha + ARa.$$

Pour la position A', ou l'astre à l'est on a également :

$$PA\gamma = PA\gamma A' + \gamma AA' - 360°$$

$$ou \quad hs = ha + ARa - 24^h.$$

ce qui revient à dire que hs (heure sidérale) devant toujours être plus petit que 24^h, si $ha + ARa$ est plus grand que 24, on doit retrancher 24^h.

Dans tous les cas chacun des termes de cette formule générale doit être plus petit que 24^h et positif.

Appliquons cette formule au soleil moyen son angle horaire est l'heure moyenne, on a donc

$$hs = hm + ARm.$$

au passage au méridien $hm = 0$

d'on à ce moment $hs = ARm.$

L'heure sidérale à midi moyen est donc égale à l'ascension droite du Soleil moyen.

Elle est donnée dans la connaissance des Temps pour ce moment sous le nom de Temps sidéral à midi moyen ; c'est en réalité ARm qui varie uniformément de $3^m 56^s,55$ en 24 heures moyennes.

On déduit de la formule précédente

$$hm = hs - ARm.$$

On s'en sert pour calculer l'heure moyenne par les observations d'étoiles, ARm étant prise pour l'heure moyenne de Paris correspondante à l'observation.

On compte donc dans un lieu au même instant :

une heure sidérale	angle horaire du point γ
vraie	------- du soleil vrai
moyenne	------- soleil moyen

Soit heure vraie (h v)

heure moyenne (h m) = h v + Equation du Temps.

heure sidérale (h s) = h a + R a.

h a et R a représentant l'angle horaire et l'ascension droite de l'astre observé.

Jour civil Le jour civil se compte de minuit à minuit et est divisé en deux séries de 12ʰ à partir soit du passage au méridien supérieur (midi) soit à partir du passage au méridien inférieur (minuit)

Il arrive donc, les points de départ des jours vrais ou moyens astronomiques et civils étant différents, que les dates corres- pondantes à ces jours ne coïncident pas pendant 12ʰ.

1er Cas —— Le soleil dans l'Ouest de midi à minuit les heures et dates coïncident.

Exemple — . Le 3 avril 8ʰ 15ᵐ du soir heure civile il est également le 3 avril 8ʰ 15ᵐ en temps astronomique (vrai ou moyen sauf la variation provenant de l'équation du temps)

2ᵉ Cas. —— Le soleil dans l'Est de minuit à midi la date du jour civil est en avance d'une unité sur la date astro- nomique.

Pour passer au temps astronomique il faut donc dimi- nuer d'une unité et ajouter 12ʰ à l'heure civile.

Exemple — Le 4 avril 8ʰ 15ᵐ du matin heure civile, il est (8ʰ 15 + 12ʰ) ou 20ʰ 15 le 3 avril temps astronomique.

Ces changements de date ont une importance capitale dans les calculs, mais il est bien facile de s'en rendre compte

Heure Légale L'heure légale adoptée par tous les points de la France est l'heure de Paris.

L'heure légale ne correspond donc pas avec l'heure mo- yenne du lieu.

Concordance des Temps en différents lieux.

Soit Tp l'heure du passage du Soleil au méridien de Paris qui est le premier méridien.

Le mouvement apparent du soleil étant le sens Est Ouest, il s'en suit que cet astre passe au méridien de Paris **avant** de passer au méridien d'un lieu dont la longitude est Ouest et **après** pour un lieu dont la longitude est Est.

La différence des deux heures de passage est la valeur en temps de la longitude.

$$\text{Si } G \text{ est Ouest} \qquad Tp = Tl + G$$
$$G \text{ est Est} \qquad Tp = Tl - G$$

Il y a souvent dans les deux cas une rectification de date à effectuer.

1° Supposons qu'il soit 3^h le 22 Février dans un lieu dont $G = 4^h 15^m$ Ouest.

il est à Paris $3^h + 4^h 15 = 7^h 15^m$ le 22 Février

dans ce cas pas de changement de date.

S'il est 22^h le 22 Février dans le même lieu il est à Paris
$$22^h + 4^h 15 = 26^h 15 \text{ le } 22$$
c'est à dire $\qquad 2^h 15^m$ le 23 Février.

Donc, si la somme de l'heure du lieu et de la longitude Ouest est supérieure à 24^h on en retranche 24^h, et on ajoute une unité à la date du lieu pour avoir l'heure de Paris.

2° Supposons la longitude Est $= 4^h 15$

S'il est 22^h le 22 Février dans ce lieu, il est à Paris
$$22^h - 4^h 15^m \text{ ou } 17^h 45^m \text{ le } 22.$$

Si au contraire il est 3^h le 22, on a pour Paris
$$3^h \text{ le } 22 - 4^h 15$$
$$\text{ou } 27^h \text{ le } 21 - 4^h 15$$
$$\text{soit } 22^h 45^m \text{ le } 21 \text{ Février.}$$

Donc si l'heure du lieu est plus petite que la

longitude Est, on lui ajoute 24^h en diminuant d'une unité la date du lieu, et l'on en retranche la longitude pour obtenir l'heure de Paris.

L'étude des chronomètres nous indiquera comment on peut avoir l'heure moyenne de Paris, mais ces chronomètres donnant les heures de 0 à 12, on est toujours obligé de calculer approximativement l'heure de Paris pour savoir s'il faut ajouter 12^h à l'heure obtenue par le chronomètre, et pour connaître la date de Paris correspondante à cette heure.

Chapitre IV.

Compas et Routes.

La route vraie ou angle de route vraie est l'angle sous lequel la trajectoire du navire coupe le méridien géographique.

Cet angle se compte de 0 à 90° à partir du Nord ou du Sud et en allant vers l'Est ou vers l'Ouest suivant le sens dans lequel porte la route.

N. 22° O, N. 48° E, S. 36° O, S. 82° E.

La Rose des vents est un cercle représentant les 360° de l'horizon et divisé en 32 parties égales qui correspondent à 32 divisions nommées Rhumbs de vent ou quarts. Chacune de ces directions a reçu une dénomination particulière d'après sa position par rapport aux points cardinaux et intercardinaux.

Chaque quart vaut 11°15'.

Les quadrants sont également gradués de 0 à 90° à partir des points Nord et Sud vers l'Est ou vers l'Ouest.

Ainsi N.O correspond à N. 45° O

...... SSE .... S. 22°30' E

L'usage de la rose des vents est à peu près abandonné; on indique toujours la route par le nombre de degrés, au Nord ou du Sud vers l'Est ou l'Ouest.

L'aiguille aimantée suspendue librement par son centre de gravité, en dehors de l'influence des masses de fer, obéit à la seule action directrice du globe et se dirige constamment vers un même point de l'horizon que l'on peut considérer comme fixe pendant plusieurs années.

La Boussole marine ou compas est une aiguille aimantée fixe suivant la ligne N. S. d'une rose des vents, et disposée de manière à pouvoir tourner librement autour de son centre dans un plan horizontal.

Compas de route. — Le compas de route, indique à tout moment l'angle de la direction de l'aiguille aimantée avec celle de la quille du navire.

La cuvette, intérieurement, est peinte en blanc et porte quatre lignes noires, verticales, diamétralement opposées, dont deux quand le navire est droit, doivent déterminer un diamètre parallèle à la quille; c'est la ligne de foi, ou cap du navire si l'on considère la ligne noire de l'avant.

Route au compas. — La division de la rose à laquelle correspond le cap donne l'angle de la quille avec la direction de l'aiguille aimantée.

Compas de relèvements. — Lorsque le compas est destiné à prendre des relèvements, la glace supérieure porte un pivot central autour duquel tourne une alidade à pinnule.

On vise un point, ou le centre d'un astre et on lit sur la rose, son relèvement au compas.

Il y a des compas secs et des compas liquides; les compas de relèvement, sont en général à liquide; je crois devoir recommander pour les yachts d'un faible tonnage l'usage unique du compas liquide, dans lequel l'aiguille est beaucoup moins sujette aux vibrations de la coque.

Le compas de route ou de relèvement doit avoir une place bien déterminée à bord, et c'est à cette place qu'il devra se trouver lorsque l'on aura besoin de le régler.

Déclinaison magnétique. — Supposons que N, S, (fig. 1) représente la méridienne d'un lieu, ou la ligne Nord-Sud géographique, si l'on consulte une boussole en dehors de l'influence des masses de fer, on verra que l'aiguille aimantée qui indique les points Nord et Sud s'écarte sensiblement, dans nos régions, de la ligne N, S.

Si l'aiguille aimantée se place selon les directions Nm Sm ou N'm S'm les angles formés par sa direction et la méridienne sont Nm C N, ou N'm C N'.

Cet angle est la déclinaison magné-tique de l'aiguille aimantée.

Fig. 1.

Cette déclinaison varie suivant le point du globe où se trouve situé l'observateur; l'aiguille aimantée est tantôt à gau-che, tantôt à droite de la ligne N. S. géogra-phique.

Lorsqu'elle se trouve à gauche comme en Nm Sm, la dé-clinaison est dite Nord-Ouest, c'est-à-dire que faisant face au nord, l'aiguille aimantée fait un angle vers l'Ouest avec la méridienne.

Dans le cas contraire, suivant N'm S'm la déclinaison est dite Nord-Est.

La déclinaison change d'un lieu à un autre et aussi mais très lentement dans le même lieu.

A Brest elle diminue d'environ 8' par année; elle est actuellement de 18° approximativement.

Si l'on consulte les cartes générales de l'Océan, celle de l'Atlantique Nord, par exemple, nous y voyons tracées des courbes d'égale déclinaison; mais ces données ne peuvent être qu'une indication.

Un compas, en outre de la déclinaison magnétique, est sujet à bord à des déviations qui proviennent de l'aimantation par in-duction de certaines parties de la coque et de l'armement.

Déviation
des compas.

Ces effets d'induction varient avec la position du navire sur le globe, avec l'orientation de son cap.

On nomme déviation l'angle formé par la ligne NS du compas avec la ligne NS magnétique compté à partir du nord magnétique vers l'Est ou vers l'Ouest selon que le nord du compas tombe à droite ou à gauche du nord magnétique. Nous désignerons toujours

Fig. 2.

par: N   le nord vrai,

Nm   le nord magnétique.

Nc   le nord du compas

Exemple : Nm C Nc angle de déviation NE (fig. 2).

Variation du compas. La variation (Vⁿ) du compas est l'angle de la ligne N S du compas avec la ligne N S géographique compté à partir du nord vrai vers l'Est ou vers l'Ouest selon que Nc tombe à droite ou à gauche de N.

Fig. 3.

Elle se compose donc de la déclinaison et de la déviation et l'on peut écrire :

Variation = déclinaison + déviation.

en supposant comme certaines conventions.

Dans un lieu la déclinaison peut être considérée comme constante pendant plusieurs années, mais la déviation variant avec le cap du navire, il s'en suit que la variation du compas varie également.

Exemple : NC Nc angle de déviation NO (fig. 3).

Régulation des compas. On appelle Régulation des compas, la détermination pratique de la déviation à chaque cap.

Plusieurs moyens peuvent être employés, mais cette étude étant faite spécialement pour les yachtmen, je n'indiquerai que celui que je considère comme le plus pratique et à la portée de tous : par la Méthode des alignements.

Méthode des alignements. Prenons dans une rade, ou dans une baie l'alignement de deux points bien déterminés deux tourelles, ou bien phare et tourelle, etc.... ; la carte nous donnera le relèvement vrai de cet alignement, soit le N. 28 E (fig. 4) ; nous supposons comme très-exactement la déclinaison du lieu (condition nécessaire) ; nous pouvons donc en déduire le relèvement magnétique de ces deux points.

Si la déclinaison est de 17° N.O. le relèvement magnétique sera N (28+17) E ou N 45 E. d'après les règles établies plus loin pour la correction des routes.

Maintenons le yacht sur cet alignement, ou si l'on est sous voiles par beau temps, venons couper cet alignement à différents caps en prenant chaque fois le relèvement au compas. L'angle formé par le relèvement magnétique et celui au compas, sera la déviation correspondant au cap du navire au moment de l'observation.

Note. — Il faut éviter avec soin que le compas tombe le moindrement en mouvement quand on arrive sur l'alignement.

Exemples:

1°. — Le navire ayant le cap au N.50 O. du compas, le relèvement de l'alignement avec ce même compas est N.48 E.

Le nord du compas tombe à gauche du nord magnétique, c'est-à-dire à l'Ouest.

La déviation est donc de (48-45) ou 3° N.O. pour le cap au N.50 O. (fig. 5)

2°. — Cap au S.45 E.

Nc tombe à droite de Nm; la déviation porte le nord du compas dans l'Est du nord magnétique.

Elle est donc de (45-42) ou 3° N.E. pour le cap au S.45 E. (fig. 6)

Fig. 6.

Nm Nc N
3° NE
N.45 E
N.42 E
Alignement au N.28 E
Cap au S.46 E

Nc 13° Nm
Fig. 7.

en ainsi de suite pour les autres caps de manière à avoir [il] au 5 observations au moins du Nord à l'Est, autant de l'Est au Sud, du Sud à l'Ouest, et de l'Ouest au Nord.

Il peut se faire que les relèvements magnétiques et au compas ne soient pas comptés dans le même sens, c'est-à-dire tous deux vers l'Est ou vers l'Ouest.

La déviation est dans ce cas leur somme

Exemple, fig 7 : relèvement magnétique... N5O

compas   N1E

Nc à gauche de Nm : donc déviation = . . . 7° N O

Quand on a déterminé les déviations relatives à un assez grand nombre de caps, on porte les résultats obtenus sur des graphiques de façon à reconnaître ou à éliminer les observations erronées.

On a obtenu par le procédé que je viens d'indiquer les déviations suivantes.

Caps du compas	Déviations correspondantes
N 10 E	6° N.O.
N. 25 E	5° N O.
N. 43 E	4° N.O.
N.67 E	3° N O.
Est	1° N.O
S. 78 E.	0
S. 61 E.	2° N E
S. 44 E.	2° N E
S. 30 E.	3° N E.
S. 17 E.	3° N.E.

Note importante.

Tracé d'une courbe des déviations.

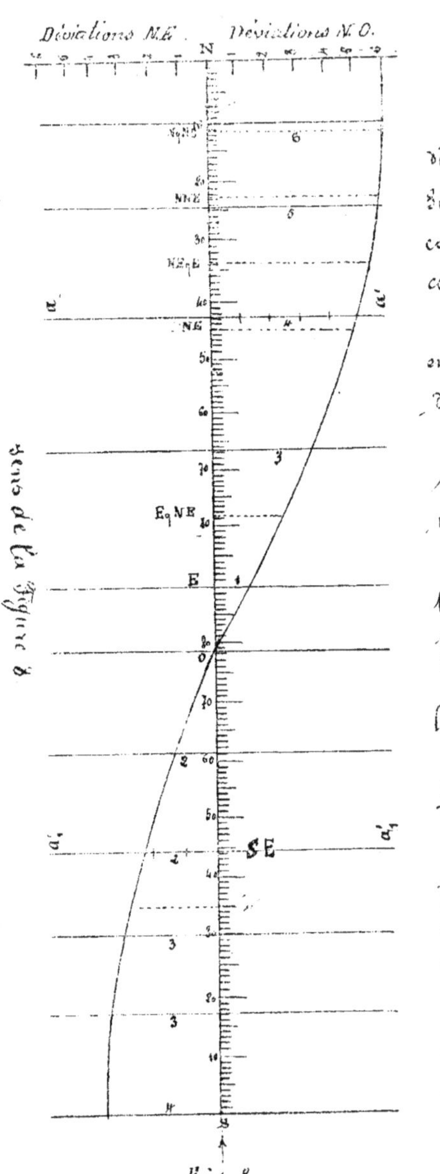

Sud   4° N.O.

etc.   etc.

Sur une ligne horizontale N E S O N divisée en 360 parties égales représentant les 360° de la rose des vents (fig. 8). portons les caps des différentes observations et menons par ces points des perpendiculaires a, a', a, a₁ .....

Sur la perpendiculaire au point N, au dessus et en dessous de ce point prenons des divisions égales.

Nous donnerons à chacune de ces divisions la valeur d'un degré de déviation, et nous les numérotons 1, 2, 3, 4 ......

Sur chacune des perpendiculaires portons le nombre de degrés de déviation correspondant à ce cap.

Au-dessus de la ligne horizontale pour les déviations N.O.

Au dessous de la ligne horizontale pour les déviations N.E.

Il ne reste plus qu'à joindre tous les points ainsi obtenus, pour avoir une courbe dont on corrige les défauts pour qu'elle soit à peu près continue.

En menant ensuite par tous les quarts de la rose, N q N E, N N E, N E q E, N E, ... E q N E ...... S E ....., la distance du point d'intersection de ces perpendiculaires avec la courbe à la ligne

Table des déviations.

Caps au compas.	Déviations	Caps au compas.	Déviations
Nord	− 5	Sud	+ 3
N 10 E	− 5	S 10 O	+ 3
N 20 E	− 5	S 20 O	+ 3
N 30 E	− 4	S 30 O	+ 3
N 40 E	− 4	S 40 O	+ 3
N 50 E	− 4	S 50 O	+ 2
N 60 E	− 3	S 60 O	+ 2
N 70 E	− 3	S 70 O	+ 2
N 80 E	− 3	S 80 O	+ 2
Est	− 2	Ouest	+ 1
S 80 E	− 2	N 80 O	0
S 70 E	− 1	N 70 O	0
S 60 E	0	N 60 O	− 1
S 50 E	0	N 50 O	− 2
S 40 E	+ 1	N 40 O	− 3
S 30 E	+ 2	N 30 O	− 4
S 20 E	+ 2	N 20 O	− 4
S 10 E	+ 2	N 10 O	− 5
Sud	+ 3	Nord	− 5

Les déviations de la table sont données au degré près.

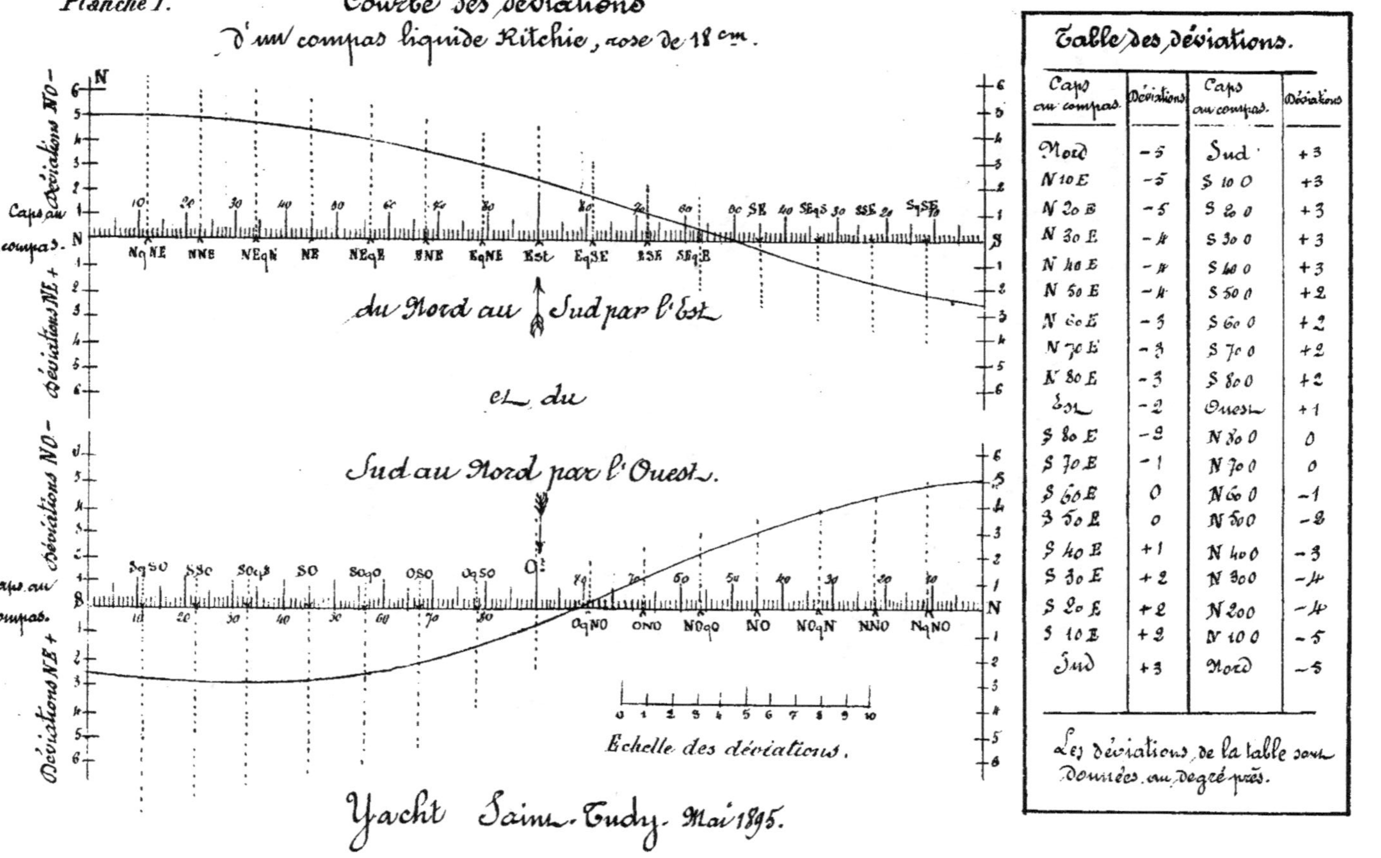

horizontale sera la déviation correspondante à chaque quart.

On peut mettre aussi les résultats sous forme de table. (Voir planche I).

Pour les yachts d'un faible tonnage, naviguant par suite dans un rayon limité, c'est-à-dire dans des parages où la déclinaison peut être considérée comme constante, je ne saurais trop recommander d'établir la Table des variations du compas.

Elle permettra, sans aucun calcul, de passer directement de la route au compas à la route vraie, et inversement (non compris la dérive).

Nous avons vu que la variation se compose de la déclinaison et de la déviation.

On la combine de la façon suivante :

1° Si la déclinaison et la déviation sont de même nom, la variation est leur somme et prend la même dénomination :

Var^on N.O = Déclinaison N.O + Déviation N.O.

Var^on N.E = Déclinaison N.E + Déviation N.E.

2° Si la déclinaison et la déviation sont de noms contraires, elles se retranchent, et la variation qui en est le résultat prend la dénomination de la plus grande.

Exemples :

1° Soit Déclinaison 12° N.O et Déviation 4° N.E.

Variation = 8° N.O.

2° Déclinaison 2° N.O. et Déviation 5° N.E.

Variation = 3° N.E.

Pour établir la table des variations, on combine donc d'après ces règles la déclinaison et la déviation pour chaque quart de la rose des vents ou de 10 en 10°.

Table des variations d'un compas Ritchie.

Partie de la rose de l'Est au Sud.

Déclinaison supposée 19° N.O.

Caps du compas	Déviation	Variation	Caps vrais.
Est	−2	−21	N. 69 E.
S. 80 E.	−2	−21	N. 79 E.
S. 70 E.	−1	−20	Est
S. 60 E.	0	−19	S. 79 E.
S. 50 E.	0	−19	S. 69 E.
S. 40 E.	+1	−18	S. 58 E.
S. 30 E.	+2	−17	S. 47 E.
S. 20 E.	+2	−17	S. 37 E.
S. 10 E.	+2	−17	S. 27 E.
Sud	+3	−16	S. 16 E.

On peut également établir le tableau inverse permettant de passer de la route vraie à la route au compas. Le signe − veut dire que les déviation, déclinaisons ou variation sont N.O, + qu'elles sont N.E.

Déviation ou variation correspondant à un relèvement. Lorsque l'on prend un relèvement au compas, et qu'on veut le corriger pour le porter sur la carte il faut toujours noter le cap du navire au moment de l'observation, et l'on prend la déviation ou la variation pour le cap, et non pour le relèvement.

Exemple:

On a relevé le phare des Gleisans au S. 40 E du compas, cap à l'Est.

Cap à l'Est la variation est de 21° N.O (Voir au tableau).
Donc le relèvement vrai est S. 61.E.

Diagramme de Napier.

Quand on fait régler les compas d'un yacht dans un port, on remet un diagramme appelé Diagramme de Napier (Planche II).

Son but est, tout en donnant les déviations correspondant soit au cap magnétique, soit au cap au compas, de faire passer de l'un à l'autre de ces caps par la seule inspection de la figure.

Il est construit de la manière suivante:

Une ligne verticale est graduée en degrés, et par chaque division correspondant à un quart de la rose, on trace deux lignes l'une pleine, l'autre ponctuée, faisant toutes les deux avec la verticale le même angle, et disposées comme l'indique la fig. 9.

Les divisions correspondant aux caps lus sur l'échelle verticale, sont portées sur des parallèles aux lignes pleines, s'il s'agit de caps magnétiques, et aux lignes ponctuées s'il s'agit de caps au compas, à raison d'un certain nombre de degrés de l'échelle verticale pour un degré de déviation.

L'échelle adoptée (dans la figure 9) est de 1^{mm} par degré de la rose et de 2^{mm} par degré de déviation.

Exemple: Cap au N.30.O du compas, nous avons trouvé 6° de déviation N.O.

Par la division 30, on mène une parallèle aux lignes ponctuées puisque la déviation correspond au cap au compas, et on porte sur cette direction BA, 12^{mm} (...

par degré de déviation) : le point A sera un des points de la cour-be; mais il doit en même temps être placé d'une façon telle que si ou mène par le même point A une parallèle aux lignes pleines, le point d'intersection de cette parallèle avec la ligne, verticale coupe celle-ci en un point C correspondant au cap magnétique.

Le cap au compas étant le N.30 O. et la déviation 6° N.O. il s'en suit que le cap magnétique est le N.36° O.

La parallèle AC doit donc couper l'échelle vertica-le à la division 36.

Cette condition sera remplie en donnant aux li-gnes parallèles pleines ou ponctuées une certaine inclinai-son sur la verticale, et cette inclinaison dépend uniquemment du rapport des échelles adoptées pour la verticale, et pour les degrés de déviation.

Fig. 10.

1° Si l'on donne même valeur linéaire au degré de déviation et au degré de la verticale; (fig. 10) il est bien évident que le triangle PKO doit être équilatéral car si nous comp-tons 4 degrés de déviation suivant OK, nous retrouverons en P (intersection de l'autre parallèle) les 4 degrés sui-vant OP : il en sera de même pour tout autre point I de la courbe. IH=HL.

Donc en menant par un point quelconque de la courbe deux parallèles, l'une aux lignes ponctuées et l'autre aux lignes pleines, l'intersection de la première avec la verticale, donnera le cap au com-pas, et l'intersection de la deuxième le cap magnétique.

2° Si l'on donne au degré de déviation une va-leur linéaire double de celle du degré de l'échelle verticale,

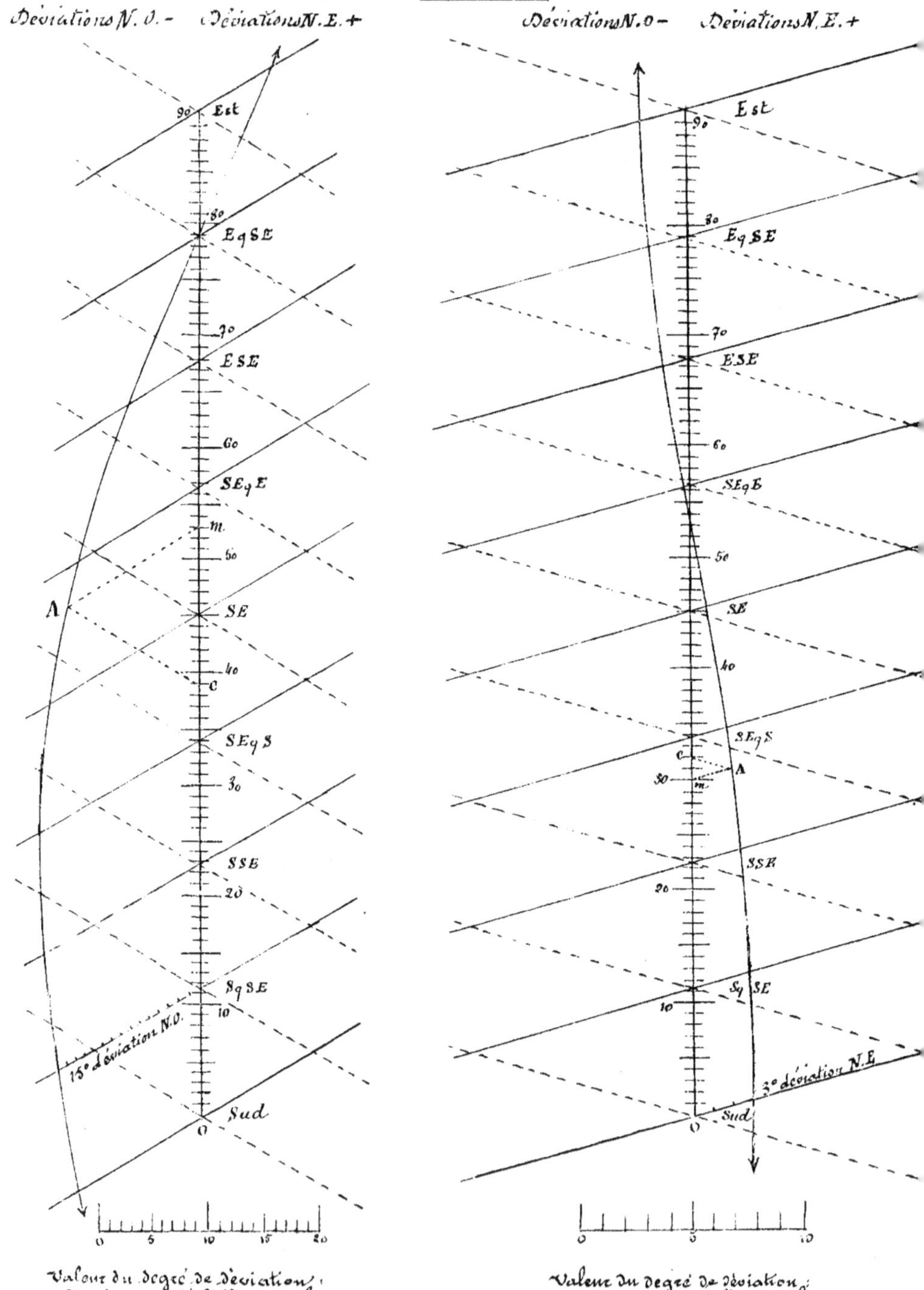

Diagramme de Napier.
partie du Sud à l'Est.
Planche II.
Déviations N.O. —   Déviations N.E. +
Déviations N.O. —   Déviations N.E. +
Est
EqSE
ESE
SEqE
m.
SE
c
SEqS
SSE
SqSE
Sud
15° déviation N.O.
Est
EqSE
ESE
SEqE
SE
SEqS
c
A
m
SSE
SqSE
Sud
3° déviation N.E.
A
0 5 10 15 20
0 5 10
Valeur du degré de déviation;
une division de l'échelle verticale
Saint-Cnal (acier).
Valeur du degré de déviation;
deux divisions de l'échelle verticale.
Saint-Tudy (Bois).

il est facile de prouver de la même manière, que le triangle PKO doit être isocèle et que les côtés PK et KO doivent être le double de P.O (fig. 11).

OK représente 5° de déviations et O.P également à l'échelle verticale qui est deux fois plus petite, de même pour tout point I de la courbe, car les triangles IHP et PKO sont semblables.

Si l'on prend une échelle triple, il faudra que OK soit le triple de OP; et on aura l'angle d'inclinaison par la construction du triangle isocèle PKO.

Fig. 11.

Je pense que ces indications seront suffisantes pour permettre à toute personne de construire elle-même, si elle le désire le Diagramme de Napier.

On porte les déviations N.O. à gauche et les déviations N.E. à droite.

Si les déviations correspondent aux caps magnétiques, on les porte sur les lignes pleines

La planche II donne deux parties de diagramme, l'une relative au compas du Saint-Tual, yacht en acier, l'autre relative au compas liquide Ritchie du Saint-Tudy.

Roses concentriques. Un dispositif d'un genre tout différent et assez fréquemment employé pour représenter graphiquement les déviations se compose de deux roses concentriques gravées sur la même feuille et orientées de la même manière; sur la rose extérieure on porte les caps magnétiques vrais, sur l'autre ceux qui sont indiqués par le compas, et on les joint ensuite par des lignes droites qui donnent immédiatement la correspondance que l'on a besoin de connaître (Planche III.)

Diagramme des déviations.

Roses concentriques.

Déviations N.O —

Déviations NE —

La rose extérieure porte les caps magnétiques vrais;
La rose intérieure porte les caps correspondants indiqués par le compas
Ainsi le Nord magnétique correspond au N 5°E du compas
c'est-à-dire 5° de déviation N.O.

Ce Diagramme représente les déviations d'un compas liquide
de Ritchie.

Yacht St Tudy. (Mai 1895).

Correction des routes. la route vraie.

Corriger une route c'est passer de la route au compas à la route vraie.

Supposons une variation de 15°N.O. et que le cap du navire soit le nord du compas.

Par suite de la variation l'aiguille aimantée fait un angle de 15° vers l'ouest avec la ligne N.S. géographique, or la route vraie se compte à partir du N ou du S du monde: la route vraie suivie par le navire est donc le N 15°O (fig. 12).

Si la variation du compas était 20°NE, et que le cap fut encore le N du compas, la route vraie serait le N 20° E.

Donc pour passer de la route au compas à la route vraie, il faut, en se supposant au centre de la rose porter à gauche la variation NO et à droite la variation NE.

1er Exemple: W^{on} = 18° N.O.

Routes au compas.	Routes corrigées ou vraies
N. 56 O	N. 74 O
S. 25 O	S. 7 O
N. 10 E	N. 8 O
S. 35 E	S. 53 E

2e exemple. W^{on} = 18° NE.

Routes au compas.	Routes corrigées ou vraies
N. 56 O	N. 38 O
S. 25 O	S. 43 O
N. 10 E	N. 28 E
S. 35 E	S. 17 E

Inversement lorsque l'on aura déterminé la route vraie à suivre, pour obtenir celle au compas, il faudra porter à droite la W^{on} N.O et à gauche celle NE.

Exemple: La route vraie entre deux points est le N.85 O.

Quelle serait la route au compas en supposant :

1° 12° W^{on} NO et 2° 15° S^{on} NE ?

Les routes au compas seront :

N. 73 O et S. 80 O.

Dérive.

La dérive est le chemin que dans les routes obliques le navire parcourt perpendiculairement à sa quille sous l'action de l'effet du vent.

La dérive est tribord ou babord, selon que le vent vient de babord ou de tribord.

Fig. 13.

Soit CA le cap au compas du navire; par suite de l'effet du vent (sens de la flèche) le navire suit en réalité la route CA' (fig. 13).

L'angle A, C A, est l'angle de dérive (5° babord).

Si la route au compas est le N. 35° O et que la variation soit de 17° N.O., la route vraie est le N. 52° O sans dérive.

Correction
d'une route de
la variation et
de la dérive.

Mais la dérive (5° babord) reporte cette route de 5° plus à gauche; elle est donc en réalité le N. 57. O.

Par suite pour corriger une route de la variation et de la dérive, on ajoute les erreurs, si elles sont de même nom.

Variation NO + Dérive babord

Variation NE + Dérive tribord.

on les retranche dans le cas contraire.

Variation NO – Dérive tribord

Variation NE – Dérive babord.

l'ensemble de la correction s'appliquera à la route comme une variation.

Compensation
des compas.

Compenser un compas, c'est à l'aide d'aimants et de masses de fer doux, combattre l'action des causes perturbatrices existant à bord afin d'annuler ou de diminuer les déviations.

Sur les nouveaux navires en fer la compensation est une

nécessité absolue pour la plupart des compas

Les compas compensés les plus en usage sont ceux de Thompson.

Les yachtmen qui voudront se rendre compte de la compensation a étudier les moyens employés pour arriver à ce résultat, les trouveront dans les ouvrages spéciaux tous les documents nécessaires mais un peu compliqués; cette étude élémentaire de navigation ne peut comporter la théorie de la compensation.

On emploie:

Mesures usuelles à la mer

1° Le mille marin; c'est la longueur de l'arc d'une minute de grand cercle; il a pour valeur 1852 mètres.

2° La lieue marine qui vaut trois milles marins ou 5556 mètres: chaque degré du grand cercle vaut 60 milles ou 20 lieues.

Les anciennes mesures: pied 0m325, brasse 1m62 et encablure 200 mètres, ne sont plus que très rarement employées.

Loch.

L'estime du chemin parcouru se fait avec le loch; on ne se sert généralement à bord des yachts que de lochs enregistreurs donnant à un instant quelconque le nombre de milles parcourus depuis la mise à l'eau.

On en déduit le chemin fait pendant un intervalle de temps donné, en ayant soin de noter toutes les heures les divisions indiquées par l'enregistreur.

Correction des routes en employant les signes + ou −.

Attribuons le signe + aux arcs comptés vers la droite,

et ——————————————————— vers la gauche;

C'est-à-dire du Nord à l'Est
    Sud à l'Ouest   } +

    Nord à l'Ouest
    Sud à l'Est   } −

par suite : Déclinaison N. O. −

———————— N. E. +

Déviation N. O. −

———————— N. E. +

Dérive bâbord −

Dérive tribord +

Nous avons la formule générale :

Route vraie = Route au compas + déclinaison + déviation + dérive.

1er exemple : Route au compas S. 53 O. soit +

Déclinaison 8 N. +

Déviation 3 N.O −

Dérive 5 bâbord −

Route vraie = + 53 + 8 − 3 − 5 = + 53 soit S. 53 O.

2e exemple : Route au compas N. 82 O. soit −

Déclinaison 10 N.O. −

Déviation 5 N.O −

Dérive 4 tribord +

Route vraie = − 82 − 10 − 5 + 4 = − 93 .

= N. 93 O.

ou = S. 87 O.

Il suffit comme on le voit de faire la somme algébrique et si le résultat est plus grand que 90, il faut le
retrancher de 180° et prendre le pôle opposé.

Chapitre V.

Des cartes marines.

Une carte géographique est la représentation sur un plan d'une partie quelconque de la surface de la Terre.

Différents systèmes de projection ont été imaginés pour arriver à ce résultat.

Celui employé pour la construction des cartes marines a été tracé par Mercator en 1569 : aussi ces cartes portent-elles le nom de Cartes de Mercator.

Sans entrer dans une théorie trop abstraite, je vais essayer d'indiquer comment sont construites ces cartes et les principes sur lesquels repose cette construction.

Loxodromie. Le navire qui suit une route invariable parcourt sur la surface du globe terrestre une courbe qui fait un angle constant avec tous les méridiens qu'elle traverse : cette courbe a reçu le nom de Loxodromie : l'angle qu'elle fait avec les méridiens est la route vraie du navire.

Prenons un globe sphérique que nous supposerons le globe terrestre : QQ' représente l'équateur qq' un parallèle, et admettons que par un moyen quelconque, nous puissions le transformer en un cylindre de même diamètre. Dans cette transformation les méridiens PMP' et $PM'P'$ (fig 1) deviennent les génératrices du cylindre et des lignes droites telles que PMP' et $PM'P'$ (fig 2).

Les parallèles qq' deviennent des sections du cylindre perpendiculaires à son axe suivant des grands cercles qq' de même diamètre que le grand cercle QQ' représentant l'équateur.

Fig. 1.

Fig. 2

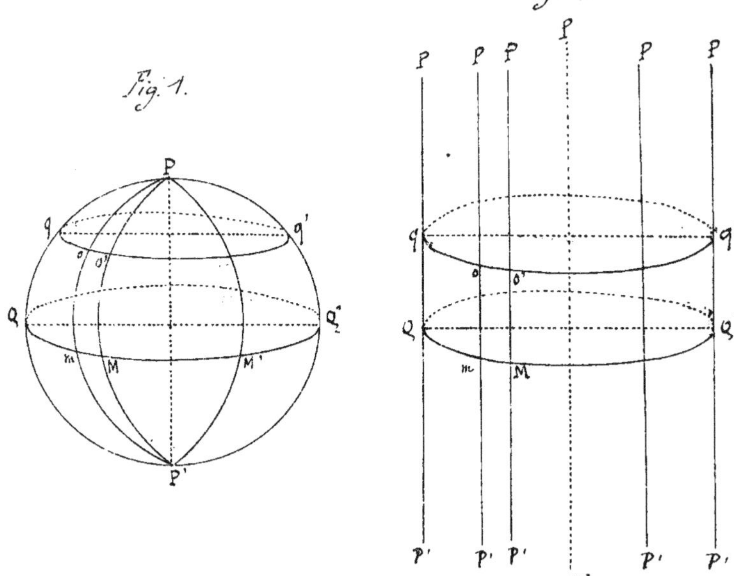

Développons maintenant ce cylindre sur un plan en partant d'une de ses génératrices.

Dans cette seconde transformation, l'équateur, les parallèles et les méridiens deviennent des lignes droites se coupant perpendiculairement telles que PMP', QMQ' (fig. 3).

Prenons sur la ligne QQ' représentant l'équateur une longueur mM égale à un mille marin et reportons sur le méridien PQP' cette même longueur en $qq_1 = oo'$.

Sur notre plan $qq_1 = oo' = mM = 1$ mille marin. Mais dans la transformation de la sphère en cylindre l'arc oo' de parallèle s'est agrandi, et son agrandissement est d'autant plus considérable que le parallèle sur lequel est pris cet arc se rapproche du pôle. oo' ne vaut donc qu'une partie d'un mille marin.

Il faut donc pour avoir la valeur de oo' sur notre plan que qq_1 qui représente le mille sur le méridien soit également augmenté dans un rapport proportionnel à l'agrandissement de oo'; c'est à dire que les oo pris en minutes de degrés comptées

Fig. 3.

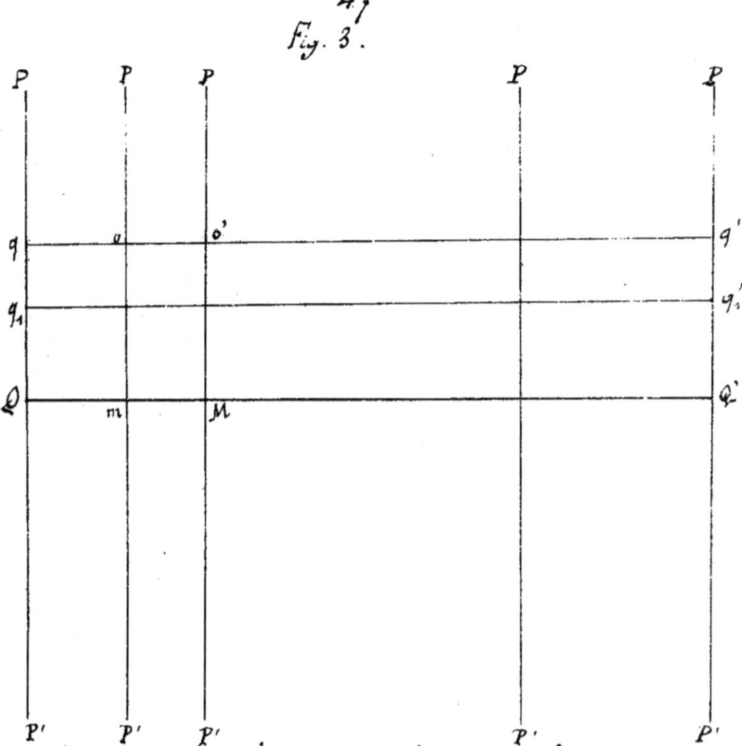

sur le méridien PQP' ou sur un méridien quelconque augmentent avec la distance angulaire $o'M$ qui est la latitude.

Ceci revient à dire que les lignes horizontales représentant
les parallèles et pour une même valeur de 1' par exemple de-
vront être sur le plan de plus en plus espacées pour permettre de trouver la mesure linéaire de oo' quelle que soit la distance à l'équateur.

Si nous supposons la carte ainsi construite, pour avoir le
nombre de milles marins séparant deux points o et o' il suffira
de voir combien cette distance représente de minutes de méridien
correspondantes au parallèle oo'

Ceci n'est applicable qu'en supposant oo' très petit.

Nous verrons dans la suite comment on mesure les distances sur la carte

Latitudes croissantes.

Ce système d'accroissement progressif de l'écartement des parallèles pour une même valeur angulaire s'appelle latitudes croissantes.

La latitude croissante devient infinie pour $L = 90°$, on voit donc que la carte sera illimitée dans le sens des latitudes.

Les Pôles n'y seront pas représentés.

Le principe des cartes marines est donc celui-ci.

"Chaque point de la surface de la Terre est porté par sa longitude et sa latitude croissante, de sorte que les parallèles sont figurés par des droites perpendiculaires aux méridiens et espacés suivant la différence de leurs latitudes croissantes.

"Une loxodromie quelconque est figurée par une droite dont l'angle avec les méridiens de la carte est égal à celui de la loxodromie avec les méridiens de la sphère.

"Il résulte de cette dernière propriété que l'angle de deux loxodromies est conservé sur la carte; or à deux courbes quelconques qui se coupent sur la sphère, on peut, au voisinage des points d'intersection, substituer les deux loxodromies tangentes; donc l'angle de deux courbes quelconques est conservé: la conservation des angles entraîne la similitude des figures infiniment petites de la sphère et de la carte." (Cours de l'École Navale)

Si l'angle de route est 0°, ou ce qui revient au même la route vraie est N ou S la loxodromie devient un méridien.

Si cet angle est de 90° ou la route E, O, elle devient un parallèle.

La table III de Callet et la table V de Caillet donne les latitudes croissantes ou les longueurs que l'on doit donner aux divisions du méridien dans les cartes marines, en minutes de l'échelle de l'équateur.

Exemple.— Pour la latitude de 20° Table Callet p. 564.

nous trouvons.

Latitude croissante = 1225',14.

c'est à dire que sur les cartes marines le parallèle de 20° doit être établi à 1225',14 (échelle de l'Équateur) au lieu de 20 × 60 = 1200.

de même pour 20° 01' nous trouvons 1226.20 :

1' sur le parallèle est donc représenté par (1226.20 - 1225.14) c'est à dire par 1',06 d'équateur.

Les Tables de Callet et de Caillet ne concordent pas exac. tement.

Pour 40° Callet donne 2622',69

Caillet   2608,1

Cela provient de ce que Callet a supposé la terre sphéri. que, tandis que Caillet a calculé les latitudes croissantes pour l'ellipsoïde.

C'est la table de Caillet qui sert à la construction des Cartes marines.

Cartes marines usuelles.   Les cartes marines indiquent les contours des côtes, les points remarquables, les écueils, les sondes rapportées au niveau des plus basses mers, la nature du fond etc. ....

Elles sont dites à petit point— Routières

     grands points Cartes générales

     ou à très grands points plans particuliers.

suivant l'échelle adoptée et par suite suivant la grandeur de la surface à représenter.

Le bord horizontal de la carte est gradué en Longitude et le bord vertical en Latitude de sorte qu'il est facile de porter sur la carte un point donné par sa latitude et sa longitude, ou inversement de trouver la latitude et la lon. gitude d'un point donné.

Usage des Cartes.   1° à partir d'un point A donné sur la carte porter sur une direction donnée, un nombre de milles donnés. (Fig.4)

Si la direction AB se confond avec un méridien prendre à

Fig 4

partir du point a, tracer de A sur l'échelle des latitudes un nombre de minutes égal au nombre de milles donnés, et le porter sur AB, on obtient le point B qui est un point exact.

Si la route fait un angle avec le méridien AB' (N40E environ) on estime à vue le milieu O de AB' et on prend sur l'échelle des latitudes une ouverture de compas égale au nombre de milles donnés en plaçant les pointes du compas à peu près à égale distance du point O; on obtient ainsi le point B' qui n'est pas un point exact, mais très suffisamment approché.

Route entre deux points et leur distance. La droite qui joint les deux points représente la Loxodromie, son angle avec les méridiens est la route vraie. Avant de la donner à l'homme de barre il faut la transformer en route au compas.

Quant à la mesure de la distance, c'est le problème inverse du précédent, il se résout de la même manière.

Déterminer la position du navire. 1° Au moyen de deux alignements simultanés.

1° par deux alignements. Il suffit de mener sur la carte ces deux alignements, leur intersection donne la position exacte du navire à ce moment.

2° par un alignement et un relèvement. 2° Au moyen d'un alignement et d'un relèvement. Corriger le relèvement de la variation du compas (variation et déviation) le porter sur la carte en sens inverse.

Si nous relevons un point A au N.25E (Fig. 5) (variation 17° N.O) le relèvement vrai du point A est le N.8E, donc

du point A le navi-
re est vu au S.8°0t;
mener cette direc-
tion au moyen d'un
rapporteur, l'inter-
section de l'aligne-
ment et du releve-
ment donne la
position.

3° Au moyen de deux relèvements.

Agir pour chaque relèvement comme il vient d'être indiqué; leur intersection sur la carte donne la position.

Avoir soin de prendre deux relèvements dont les directions
se coupent autant que possible sous un angle voisin de
90°.

4° Soit un point A que l'on relève une première fois au N80E:
après avoir parcouru 3 milles au S30E on le relève de nouveau au N170. Fig. 6. (Nous supposons S.30E la route vraie.)

Menons par le point A ou par un point quelconque
du premier relèvement AR. La
route parcourue 3 milles au
S30E, par le point ainsi obtenu
B ou B' traçons une droite parallèle au premier relèvement;
l'intersection de cette droite avec
le second relèvement détermine
la position du navire à la seconde observation (N).

Nota. — Le navire faisant route,
le relèvement d'un point varie
avec d'autant plus de rapidité que l'angle du relèvement avec
la route approche plus de 90° et que la distance du point est

plus petite. Si donc on prend deux éclégements, on observe
d'abord celui qui en raison de ces circonstances change le
plus lentement.

Si l'on connaissait la distance du navire à un point
de la côte, on aurait un lieu géométrique sensiblement
circulaire.

L'angle apparent d'un objet de hauteur connue pourra
fournir une distance approximative.

Si l'on relève un feu connu à l'instant où il paraît
rasant l'horizon, on déterminera sa distance et par suite
la position du navire en ajoutant à la portée du feu le
nombre de milles qui est égal au nombre de minutes de
dépression vraie pour l'altitude de l'observateur (Callet
Table VII - Caillet Table XV.)

On a un autre élément pour déterminer la position du na-
.vire près des côtes dans les indications que la sonde fournit
sur le brassiage et la nature du fond.

On peut encore avoir la position du navire en vue des
côtes au moyen du sextant.

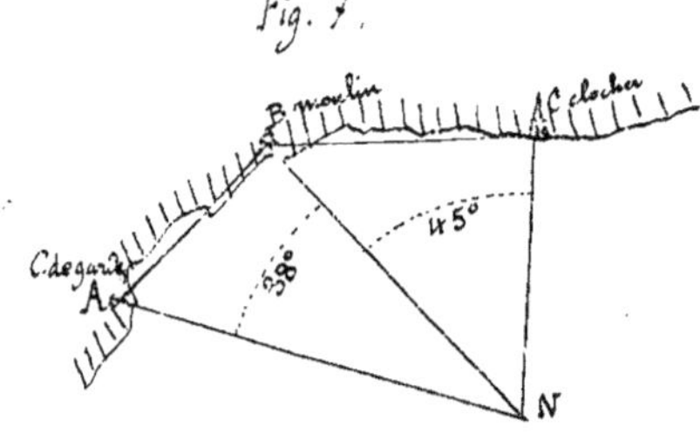

Prenons 3 points bien
visibles sur la côte, et
portés sur la carte, A , B,
C (clocher, moulin, corps de.
garde.) Fig. 7.
Sur l'observation des
points B et C, nous obte-
.nons leur distance an-
.gulaire 45° de même pour B et A 38°

Le navire se trouve donc sur le segment de cercle d'où l'on voit
B et C sous un angle de 45°.

Il se trouve donc également sur le segment d'où l'on voit A et B
sous un angle de 38°.

La position du navire N se trouve donc à l'intersec.
tion des deux segments.
Géométrie Livre II Segment capable d'un angle.

Chapitre VI.

du point estimé.

Sur une sphère représentant le globe Terrestre prenons deux points A et A'.

Connaissant le point A que nous appellerons point de départ, par ses coordonées géographiques latitude et lon. gitude, l'angle de route PAA' et la distance parcourue en milles AA' trouver les coordonnées du point d'arrivée A' fig.1.

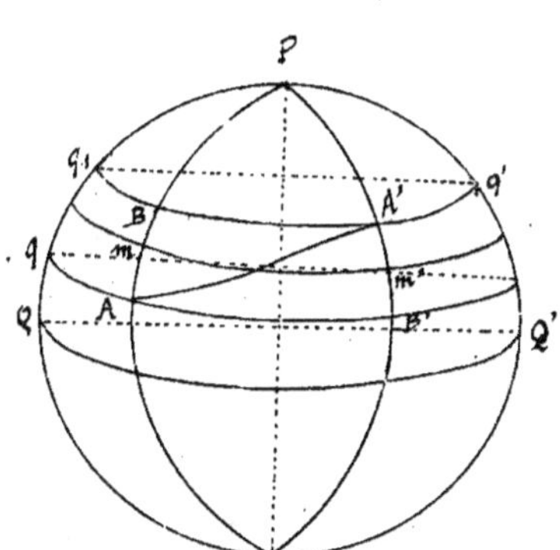

Tel est le problème du point estimé.

Désignons par l le che. min Nord. Sud ou la dif. férence en latitude entre le point d'arrivée et le point de départ.

par e le chemin Est. Ouest

V l'angle de route PAA'

m le nombre de milles de A en A'.

On démontre que l'on a entre ces divers éléments les relations suivantes :

$$l = m \overset{1}{\cos\text{inus}} V. \qquad\qquad e = m \overset{2}{\sin\text{us}} V.$$

Ces formules sont celles de la solution d'un triangle rec-tangle.

Nous pouvons supposer les éléments l, e, v, m comme fai-sant partie d'un triangle rectangle dans lequel l et e repré-sent les 2 cotés de l'angle droit, m l'hypothénuse et V l'angle BAA' (fig. 2)

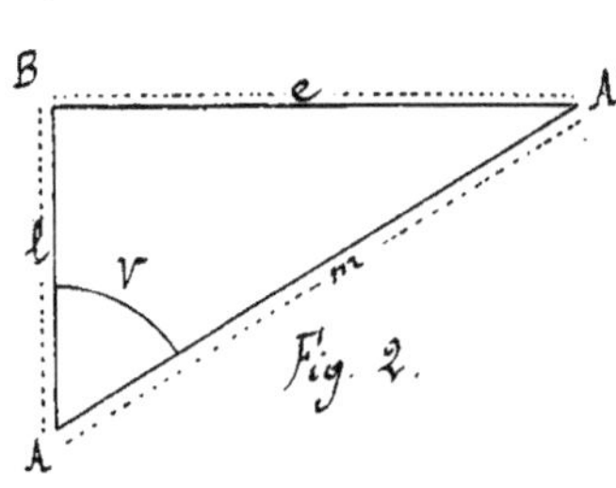

Dans ce triangle nous connais-sons V et m, nous pourrons donc déterminer l et e au moyen des for-mules 1 et 2.

Nous obtiendrons ainsi le nombre de milles faits sur le méridien ou changement en latitude et le nombre de milles Est ou Ouest ou chemin E O.

Les Tables IV de Caillet et IV de Caillet nous donnent sans cal-cul ces deux cotés du triangle. Ces Tables offrent une par-ticularité basée sur la théorie des sinus et cosinus.

Le sinus d'un angle = cosinus de l'angle complément.

ainsi Sinus 27° = cosinus 63°.

et réciproquement :

Entrer dans la table de point (Tables IV) avec le nombre de dégrés représentant l'angle de route vraie Colonne ho-rizontale, et le nombre de milles dans la colonne verticale intitulée milles parcourus.

Les deux colonnes verticales à droite sont l'une le chemin NS l'autre le chemin E.O.

angle de route V $<$ 45°
lire de haut en bas.

V $>$ 45°
lire de bas en haut.

Si l'angle de route est supérieur à 45° le prendre en bas de la page, et lire de bas en haut.

Exemple.— Route vraie S 55 E nombre de milles 36.

p.598 Caillet nous trouvons

l = 20,6 e = 29, 5.

l ajouté ou retranché de la latitude du départ L suivant le sens du chemin parcouru nous donne la latitude estimée d'arrivée Le.

Il reste à déterminer la longitude.

Si la route avait été faite sur le parallèle q q' c'est-à-dire de A en B' le chemin EO serait A B'

sur le parallèle q, q' de B en A' le chemin EO serait BA' fig. 1.

Mais nous allons de A en A', on peut admettre que le chemin EO est la moyenne entre BA' et AB', c'est à dire que le chemin peut être regardé comme parcouru de m en m' sur le parallèle de latitude moyenne.

Nous avons obtenu par la table de point, le chemin e ou le nombre de milles parcourus dans l'Est ou dans l'Ouest.

Sur l'équateur ce nombre de milles nous donnerait en même temps le nombre de minutes de changement en longitude (Théorie des cartes marines)

Mais sur un parallèle ce nombre de milles donne un nombre de minutes de degrés d'autant plus considérable que le parallèle est plus éloigné de l'équateur.

Ce rapport nous est donné par la formule.

$$m\,m' = \frac{e}{\cos Lm}$$

Lm latitude moyenne.

Nous voyons que cette formule est semblable à celle numéro 1 $\left(m = \frac{l}{\cos V}\right)$ (fig. 3 et fig. 2)

Mais si nous connaissons e et l'angle Lm. C'est donc trouver l'hypothénuse d'un triangle rectangle dont on connaît un des angles et un des côtés de l'angle droit.

Fig. 3.

Soit $g = m\,m'$ le nombre de minutes de changement en longitude

$$g = \frac{e}{\cos Lm}$$

Cette formule est exacte à moins d'une minute si la distance AA' ne dépasse pas 360 milles, par des latitudes inférieures à 60°.

Entrer dans la table de point avec Lm comme angle de route et e comme côté de l'angle droit pris dans la colonne NS; Lire à la colonne milles parcourus le nombre qui se trouve sur la ligne horizontale de e: C'est l'hypothénuse du triangle c'est à dire le nombre de minutes de l'arc mm' ou le changement g en longitude.

En le retranchant ou en l'additionnant à la longitude de départ on obtient la longitude d'arrivée Ge.

Dans la pratique on a généralement suivi plusieurs routes, on fait le calcul pour chacune des routes on additionne ensuite séparément les chemins N et S, E et O.

Le total le plus grand donne la dénomination Nord ou sud. Est ou Ouest.

On calcule ensuite g changement en longitude au moyen de la latitude moyenne et du chemin Est ou Ouest.

Point estimé Ze. Nous appellerons le point ainsi obtenu (point estimé Ze) ayant pour coordonnées Le et Ge.

Pour le calcul, voir le Type 1 (1)

Point observé Z. Le point observé Z dont nous nous occuperons dans la suite aura pour coordonnées L latitude observée et G longitude observée.

Ces deux coordonnées détermineront la position exacte du navire.

2ᵉᵐᵉ Problème de route. Type I (2) Connaissant les deux points de départ et d'arrivée, déterminer la route à suivre et la distance en milles qui sépare ces deux points.

Faire la différence des deux latitudes et des deux longitudes, on obtient ainsi l et g.

Entrer dans la table de point avec Lm comme angle de route (Latitude moyenne entre celles de départ et d'arrivée) et g comme nombre de milles, on trouve e dans la colonne

On fait cadrer l lu dans NS avec e lu dans EO on trouve m et v ou le nombre de milles et l'angle de route.

Si l est plus petit que e lire de bas en haut, car dans ce cas la route fait un angle supérieur à 45° avec le méridien.

Cette question se présente aussi à un point de vue différent ; supposons que l'on ait pu éva- luer sûrement les routes vraies et les milles, et que le point estimé Z_e se trouve différer notablement du point observé Z, on peut attribuer l'erreur à un courant qui aurait trans- porté le navire du point estimé regardé comme point de départ (Le. Ge) au point observé regardé comme point d'arrivée (L. G) : la solution du problème faite comme il vient d'être dit plus haut fera connaître la direction et la vitesse du courant.

Les tables de point donnent un maximum de 240 milles, si la distance est supérieure à 240, on prend d'abord le chiffre, puis le supplément etc., de même pour le problème inverse. Type I. (3)

$l > e$
$v < 45°$
lire de haut en bas

$l < e$
$v > 45°$
lire de bas en haut

Calcul du Courant
Type I (3)

Chapitre VII.

Chronomètres et Compteurs.

Ainsi que l'indique son nom, le chronomètre est un instrument qui sert à la mesure du temps.

On peut appeler chronomètre, toute montre de précision variant d'une manière uniforme. Les chronomètres sont aussi appelés montres marines, ils sont destinés à conserver à bord l'heure moyenne de Paris, et sont construits avec une extrême précision ; ils doivent être installés dans une boîte suspendue à la Cardan et placée de manière à être le moins possible soumise au roulis, au tangage et aux ébranlements du navire.

On doit toujours éviter de déplacer un chronomètre car une brusque secousse pourrait altérer l'uniformité du mouvement.

Compteurs. Les compteurs ou montres de comparaison ne diffèrent du chronomètre que par le degré de précision : ce sont ceux que l'on déplace pour noter l'heure d'une observation mais généralement, à bord d'un yacht, en choisissant un endroit convenable pour l'observation, on peut noter directement l'heure du chronomètre sans avoir besoin de recourir au compteur.

État absolu. On nomme état absolu d'un chronomètre la correction à faire à l'heure donnée par cette montre pour obtenir l'heure moyenne de Paris.

Cette heure moyenne approchée est toujours donnée d'une manière approximative par l'heure du bord et la longitude du lieu; Comme il s'agit dans les calculs de jour moyen astronomique dont la durée est de 24 heures moyennes (midi à midi) on se rendra compte facilement s'il faut ou non ajouter 12^h à l'heure donnée par le chronomètre pour obtenir l'heure de Paris.

Supposons qu'à midi *Temps moyen de Paris* le chronomètre marque $5^h 07^m 20^s$. il est donc en avance sur l'heure moyenne de Paris de $5^h 07^m 20^s$ ou ce qui revient au même en retard du complément à 12^h soit de $6^h, 52^m 40^s$.

On ne considère dans la pratique que l'état absolu Retard, il faut toujours l'ajouter à l'heure donnée par le chronomètre pour obtenir l'heure moyenne de Paris, et augmenter s'il le faut de 12^h selon le calcul approché de Tm P.

On donne à cet état Retard le signe +

On désigne les chronomètres par les lettres A, B, C, ... et les compteurs par M. N etc.......

La lettre C désignera toujours dans cette étude l'heure du chronomètre, et M celle du compteur

Appelons Tm P l'heure moyenne de Paris on a à tout instant :

$$Tm P = C + \text{état absolu}$$
$$\text{d'où état absolu de } C = Tm P - C .$$

La marche diurne est le petit nombre de secondes que le chronomètre fait en plus ou en moins de 24 heures pendant un jour moyen; C'est donc aussi la variation de l'état absolu en 24^h, nous désignerons cette marche diurne par la lettre c correspondante au chronomètre C.

Pour obtenir cette marche diurne, il suffit avant le départ

60.

de prendre plusieurs comparaisons, à un intervalle de quelques jours entre le chronomètre et la Pendule donnant à terre l'heure Tm du lieu ou de Paris.

Exemple.

Le 3 Février 1896   C = 5ʰ 07ᵐ 20ˢ à 0ʰ 00ᵐ 00ˢ Tm P.
— 12 ———— dᵒ ——   C = 5ʰ 07ᵐ 38ˢ à ———— dᵒ ————.

Le chronomètre a donc varié de 18 secondes en 9 jours, sa marche diurne C est donc de 2ˢ pour 24ʰ.

L'état absolu de C le 3 Février est Tm P−C ou 6ʰ 52ᵐ 40ˢ (Retard); le 12 il n'est plus que de 6ʰ 52ᵐ 22ˢ; le retard a donc diminué de 18ˢ, la marche diurne de C est par suite une avance de 2ˢ qui diminue son état absolu:

Celui-ci ayant le signe +, la marche diurne aura le signe + ou − selon que l'état augmente ou diminue.

Dans le cas précédent c = − 2ˢ.

Connaissant l'état absolu de C à un jour donné pour l'avoir tous les jours à partir de ce moment, et pour la même heure moyenne de Paris il suffira de lui ajouter algébriquement la marche diurne × par le nombre de jours écoulés.

S'il y a une fraction de jour, on devra calculer la partie proportionnelle de la marche diurne pour cette fraction (dans le calcul pratique on prend à vue cette partie proportionnelle c étant toujours très petit)

1ᵉʳ Problème.   Trouver à un moment donné l'heure moyenne de Paris au moyen d'un chronomètre réglé.

Calculer approximativement Tm P au moyen de l'heure du bord et de la longitude.

Corriger l'état absolu de la marche diurne pour le nombre de jours écoulés depuis le moment où a été arrêté cet état absolu; faire la partie proportionnelle de la marche po

Tm P donnée approximativement et ajouter l'état absolu ainsi corrigé à C au moment de l'observation.

On obtient l'heure exacte Temps moyen de Paris, Type II (4).

Vérification
l'état absolu.

Il est indispensable de vérifier aussi souvent que possible l'état absolu d'un chronomètre.

Il existe dans les principaux ports maritimes, un observatoire où l'on trouve une pendule réglée donnant très exactement l'heure moyenne du lieu.

Par une comparaison entre le chronomètre et la pendule de l'observatoire on peut donc obtenir l'état absolu du chronomètre par rapport à l'heure moyenne du lieu et comme l'on connaît la longitude de l'observatoire par rapport au méridien de Paris, on en déduit l'état absolu de C relatif à Tm P.

Prenons comme exemple l'observatoire de Rio de Janeiro dont la longitude est de $3^h 02^m 02^s 4$ Ouest.

Le 25 juillet à midi Tm de l'Observatoire le chronomètre marque $3^h 24^m 16^s$, son état absolu relatif à la Pendule est donc $8^h 35^m 44^s$ Retard ; et d'un autre coté l'heure du lieu retarde de $3^h 02^m 02^s 4$ sur celle de Paris (à midi de Rio, le 25, il est $3^h 02^m 02^s 4$ à Paris le 25)

Le chronomètre retarde donc plus sur Paris que sur Rio, et l'augmentation du retard est la longitude de Rio (observatoire)

$$\text{État de C à P} = + 8^h 35^m 44^s$$
$$\underline{\text{Long. de P} = \quad 3^h 02^m 02^s 4 \text{ Ouest}}$$
$$\text{État de C} = \quad 11 \quad 37^m 46^s 4$$
$$\text{à Tm P} = \quad 3^h 02^m 02^s 4.$$

Par une autre comparaison à quelques jours, on déduira la marche c de C. Type II (6).

Dans certains ports il existe ce que l'on appelle un signal de temps ; c'est à dire qu'à une heure connue du lieu etc toujours la même, un signal est fait.

On se sert généralement pour signaler le temps de la chute d'un ballon au moyen d'un déclenchement électrique.

On peut donc prendre directement du bord, la comparaison entre C et l'heure du lieu, et en déduire l'état absolu de C par rapport à l'heure correspondante Tm P de Paris Type II (5).

On sait que l'on ne doit pas déplacer un chronomètre ; quand on se rend à l'observatoire, il est donc indispensable d'avoir à bord en plus des chronomètres un ou plusieurs compteurs dont la précision est moins grande que celle des chronomètres, mais cependant suffisante pour un temps relativement restreint.

Pour une observation à terre, on prend avant et au retour une comparaison entre le compteur et le chronomètre ; on en déduit l'heure du chronomètre au moment de la comparaison du Compteur et de la Pendule.

Exemple :

Comparaison avant	Après
$C' = 2^h\ 55^m\ 27^s$	$C'' = 5^h\ 09^m\ 46^s$
$M' = 5^h\ 06\ 12$	$M'' = 7\ 20\ 34^s$
$C'-M' = 9^h\ 49^m\ 15^s$	$C''-M'' = 9^h\ 49^m\ 12^s$

Comparaison de P et M (à terre)

$$M = 6^h\ 13^m\ 29^s \quad \text{à} \quad P = 7^h\ 22^m\ 40^s.$$

Les comparaisons ($C'-M'$) .. ($C''-M''$) ont varié de -3^s (appelons d cette différence) dans un intervalle $M''-M'$ égal à $2^h\ 14^m\ 22^s$.

Pour obtenir $C-M$ il suffit donc de calculer la variation x pour l'intervalle $M - M'$ égal à $1^h\ 07^m\ 17^s$.

on l'obtient par la proportion.

$$\frac{x}{d} = \frac{M - M'}{M'' - M'} \qquad d'où \quad x = \frac{d \times (M - M')}{M'' - M'}$$

et dans le cas $x = \dfrac{-3^s \times 67.3}{134,4} = -1^s,5$

$$C' - M' = 9^h \ 49^m \ 15$$
$$x = \qquad\qquad\ - 1^s, 5$$
$$C - M = 9^h \ 49^m \ 13^s, 5$$
$$M = 6^h \ 13^m \ 29^s$$
$$C = \qquad 4^h \ 02^m \ 42^s, 5 \quad \text{à} \quad P = 7^h \ 22^m \ 40^s$$

On en déduira l'état absolu Type II.

Il faut avoir bien soin de remonter les chronomètres chaque jour et à la même heure.

Une aiguille spéciale indique si cette opération a été accomplie.

Nota. Nous verrons dans la suite de cette étude comment on peut calculer l'état absolu de C au moyen d'observations solaires à terre et dans un lieu dont la Longitude est très exactement connue.

Chapitre VIII.

Des instruments de réflexion.

C'est au moyen d'instruments de précision appelés octant, sextant et cercle que l'on obtient la hauteur des astres par rapport à l'horizon apparent—

Avant de donner la description du sextant, le seul de ces instruments dont nous occuperons, il est nécessaire de définir le principe sur lequel repose sa construction.

Soit SOH un angle à mesurer. (Fig. 1)

H représente l'horizon de la mer

S un astre quelconque (le soleil)

O l'œil de l'observateur.

Imaginons sur le trajet du rayon visuel HO un plan réfléchissant du côté de O et perpendiculaire au plan SOH suivant $m.n$.

Une ouverture sera pratiquée en c de manière à apercevoir directement le point H ou l'horizon ; ce plan $m.n$ est le petit miroir.

petit miroir.

Menons la normale cV, et faisons un angle $CcV=VcO$; cV devient la bissectrice de l'angle CcO ;

Sur la ligne cC prenons un point quelconque C ; joignons CH, et menons la bissectrice CB de l'angle HCc.

Supposons un second plan réfléchissant $M.N$ normal

grand miroir. à CB, ce que nous nommerons grand miroir .

L'angle d'incidence des rayons lumineux étant égal à l'angle de réflexion, il s'en suit qu'un rayon lumineux partant du point H suit par double réflexion le trajet H C c O.

Le point H ou horizon de la mer est vu par double réflexion sur H direct.

Fig. 1.

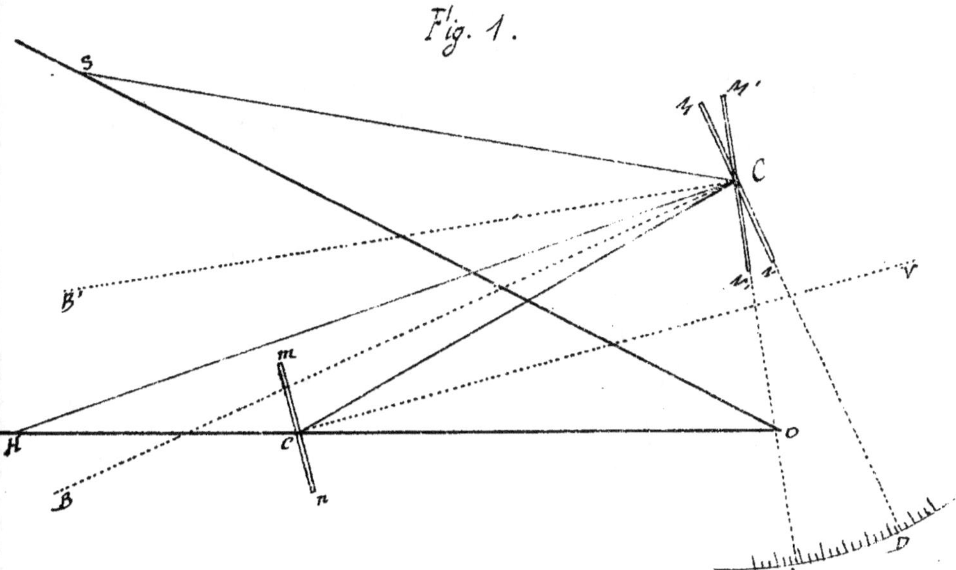

Joignons S C, menons C B' bissectrice de l'angle S C c et tournons le grand miroir M N autour d'un axe C perpendiculaire au plan S O H de façon à le mettre suivant M'N' normal à C B'.

Un rayon lumineux partant du point S suit alors par double réflexion le trajet S C c O.

C'est à dire que le point S paraîtra à son tour se confondre avec le point H.

Calculons maintenant la valeur de l'angle N C N' de rotation du grand miroir.

Nous avons d'après la figure :
$$B C B' = B'C c - B C c$$

$$or \quad B'Cc = \tfrac{1}{2} SCc$$
$$et \quad BCc = \tfrac{1}{2} HCc$$
$$donc \quad BCB' = \tfrac{1}{2}(SCc - HCc) = \tfrac{1}{2} SCH$$

d'un autre coté les deux positions du grand miroir MN et M'N' sont respectivement perpendiculaires aux normales BC et B'C.

L'angle de rotation NCN' est donc égal à BCB' c'est à dire à la moitié de SCH.

Si nous considérons maintenant le rapprochement des points C et O alors que S et H sont très éloignés on peut admettre que

$$SCH = SOH.$$

Du moment que le point H se trouve à plus de 1000 mètres, il n'y a pas 10" de différence entre les deux angles, on peut donc les supposer égaux.

Si le plan du grand miroir se prolonge d'un moyen quelconque jusqu'à un arc de cercle gradué AD, l'angle ACD que l'on pourra lire sera donc la moitié de SOH angle à mesurer.

Le point H se trouvant à l'infini l'angle CHO est nul, on le considère également comme nul dès que H est à plus de 1000 mètres.

Donc, quand le point H est vu par double réflexion sur le point H direct, les deux miroirs m.n et MN sont parallèles, ou dits en parallélisme.

Dans les instruments à réflexion l'arc gradué s'appelle limbe, et le grand miroir est placé sur une alidade qui pivote autour du point C et porte à son extrémité un vernier qui comme nous le verrons plus loin sert à apprécier la valeur de l'arc AD.

à Le corps de l'instrument est un secteur d'environ 70° taillé dans une seule pièce de cuivre; la graduation est tracée sur une lame circulaire d'argent incrustée dans l'arc AB fig (2) et nommée *Limbe*. L'alidade L est une règle plate en cuivre mobile autour d'un axe passant par le centre du secteur; elle porte au dessus de cet axe et entraine dans sa rotation le grand miroir M qui peut être rendu perpendiculairement au plan du limbe à l'aide d'une vis de rectification v

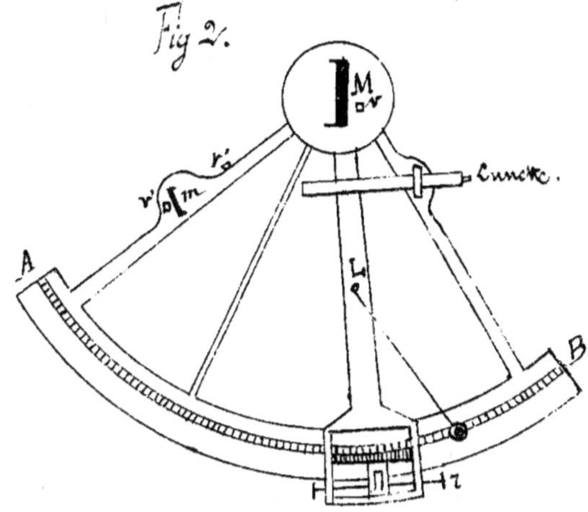

v. vis de rectification du grand miroir
V', k vis de rectification du petit miroir

Un index est fixé à la partie de l'alidade qui s'appuie sur le limbe.

Sur le rayon de gauche du secteur se trouve le petit miroir m étamé seulement dans sa moitié inférieure. une 1ère vis de rectification permet de faire varier son inclinaison sur le plan du limbe, et une 2ème vis peut lui donner un mouvement de rotation autour d'une normale à ce plan.

Ce miroir est orienté à peu près parallèlement au rayon de droite du secteur, de manière que l'index de l'alidade soit sensiblement sur le zéro du limbe lorsque les deux miroirs sont parallèles.

Sur le rayon de droite est installée la monture de la lunette qu'une vis permet d'éloigner ou de rapprocher du plan du limbe; elle est orientée de manière que la lunette soit pointée sur le petit miroir à peu près dans la direction suivant laquelle se réfléchit la droite M m joignant

« les centres des miroirs (l'index étant à 0).

On emploie une petite lunette astronomique (renversant les objets) dont l'oculaire peut recevoir des verres de couleur ou bonnettes destinés à affaiblir à la fois, les rayons directs et les rayons réfléchis.

Le réticule de la lunette se compose de deux couples de fil formant un carré au centre duquel on établit les contacts.

Une petite lunette terrestre peut être adaptée à la même monture pour les observations de nuit qui exigent surtout de la clarté et du champ.

Derrière le petit miroir sont des verres colorés, que l'on peut amener sur le trajet des rayons directs. Enfin d'autres verres colorés peuvent s'interposer entre les deux miroirs pour affaiblir l'image réfléchie.

Vis de pression et de rappel.

A l'extrémité de l'alidade se trouve une ouverture à peu près rectangulaire dans laquelle glisse une pièce mobile qui peut être fixée par frottement sur le bord extérieur du limbe au moyen d'une mâchoire et d'une vis de pression.

Cette pièce est reliée à l'alidade par une vis à pas très fin r dont le mouvement entraîne lentement l'alidade quand la vis de pression est serrée pour établir les contacts avec précision. »

Vernier.

Nous avons vu que l'angle de rotation du grand miroir était la moitié de l'angle à mesurer.

On a donc divisé le limbe en demi-degrés numérotés comme des degrés entiers, ce qui dispense de doubler les lectures : si, comme cela est dans le sextant, les petites divisions du limbe représentent des dizaines de minutes, leur valeur réelle n'est donc que de 5 minutes.

Pour obtenir une grande précision de lecture avec une graduation suffisamment distincte on emploie un vernier

constitué par un arc de cercle fixé à l'alidade concen-
-triquement au limbe et divisé en parties dont la longueur
diffère de celle des graduations du limbe.

Fig. 3.

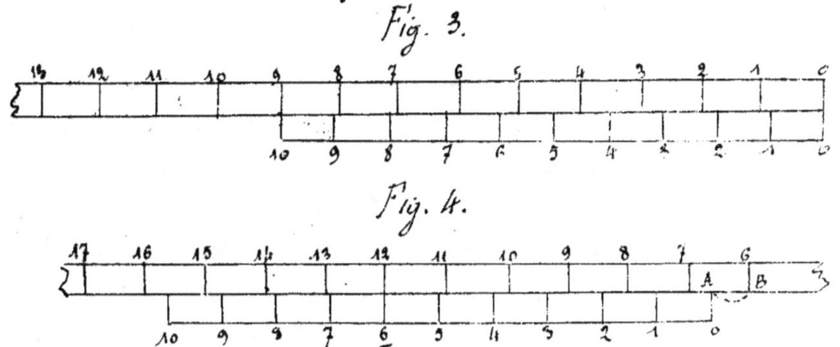

Fig. 4.

Comme exemple très simple du vernier, prenons une règle
de un mètre divisée en centimètres.

Appliquons contre cette règle un vernier qui peut glisser
contre elle et se fixer à un point quelconque au moyen d'une
vis de pression.

Pour établir ce vernier prenons une longueur de 9 centimètres sur la règle, ce sera la longueur du vernier que nous
allons diviser en 10 parties égales.

Chacune des divisions du vernier vaut donc 9/10 de celle de
la règle, c'est à dire 9 millimètres.

La division 1 du vernier est en retrait (fig. 3) de 1 millimètre
sur la division 1 du limbe.

La division 5 en retrait de 5 millimètres, etc......

Supposons maintenant (fig. 4) que le 0 du vernier tombe
entre les divisions 6 et 7 de la règle. La longueur mesurée
est 6 centimètres + AB.

Cherchons la division du vernier qui coïncide avec celle du
limbe : c'est la 6ᵉᵐ en I.

La 5ᵉᵐ du vernier est donc en retrait de 1ᵐᵐ sur la 11ᵉ du
limbe, la 4ᵉ de 2ᵐ/ᵐ sur la 10ᵉ, et le 0 de 6ᵐ/ᵐ sur le 6ᵉ du limbe.

A B vaut donc 6 ᵐ/ₘ et la longueur demandée est 66 milli.
mètres.

Il suffit donc pour avoir la longueur de A B de chercher
la division du vernier qui correspond avec celle de la règle,
le numéro de cette division indique en millimètres, la valeur du retrait du O du vernier, sur la division précéden.
te de la règle.

Pour le Sextant, le limbe est gradué de 10' en 10', on a pris
le vernier égal à 59 de ces divisions soit (60 - 1) ou (10°-10') Fig. 5.

Chacune des divisions du vernier vaut donc :

$$\frac{60-1}{60} \text{ de divisions du limbe.}$$
$$= 1 \text{ Division du limbe} - \frac{1}{60}$$
$$= 10' - \frac{10'}{60} \qquad \text{or} \qquad 10' = 600''$$
$$= 10' - \frac{600''}{60}$$
$$= 10' - 10''.$$

On pourra donc évaluer les 10''.

Ci dessous le vernier du sextant agrandi environ 7 fois.

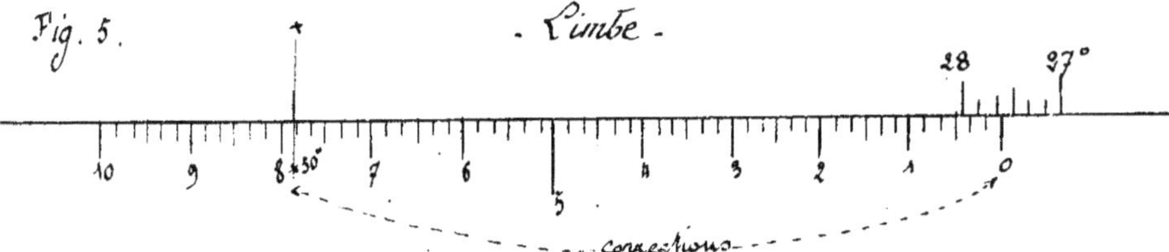

Pour lire le vernier, on notera la division du limbe qui précède
immédiatement le O du vernier, ce qui donnera les degrés et les
dizaines de minutes.

Nous voyons ici 27° 30' et une fraction qui va nous être donnée
à 10'' près par le vernier.

On cherchera à la loupe le trait du vernier qui coïncide avec
le trait du limbe × et on aura la correction à ajouter à la pre.
mière lecture.

Ici 7' 50''.

La valeur de l'arc à mesurer est donc 27°37'50".

Au lieu de numéroter le vernier suivant la série des nombres entiers (comme six divisions du vernier valent 1') on n'indiquera par un trait spécial que les minutes de 6 en 6 divisions, des traits plus petits indiquent les 10".

On pourra lire ainsi immédiatement les minutes et les dizaines de secondes correspondant à la correction.

Une petite étude pratique permettra de lire très vite d'eux même la valeur des angles obtenus par le sextant.

Il y a des sextants gradués de 15" en 15" au lieu de 10" en 10".

Octant. — L'octant ne diffère du sextant que par la moindre étendue de son limbe et sa construction moins soignée, il n'a pas de lunette astronomique.

Rectification du sextant. — Avant de se servir d'un sextant, il faut commencer par le rectifier; c'est à dire qu'il doit satisfaire aux conditions suivantes :

1° L'axe optique de la lunette doit être parallèle au plan du limbe.

2° Le grand miroir doit être perpendiculaire au plan du limbe.

3° Le petit miroir doit être perpendiculaire au même plan.

Ces conditions sont à peu près remplies lorsque le fabricant livre l'instrument, mais ce dernier exposé à de nombreux chocs, se dérègle facilement et l'observateur doit achever la rectification complète chaque fois qu'il doit en faire usage.

Rectification de l'axe optique. — Mettre en place la lunette astronomique, disposez deux fils du réticule de cette lunette parallèlement au limbe; caler l'instrument sur une table et placer les 2 viseurs (pièces en cuivre de même hauteur) sur le limbe et parallèlement à la lunette.

viser par leurs arêtes supérieures un point éloigné d'au moins 30 mètres, le plan passant par ces arêtes est parallèle au plan du limbe et sensiblement à la même hauteur que l'axe optique.

Le point visé vu dans la lunette devra paraître à égale distance des fils, sinon rectifier à l'aide des vis de la monture de la lunette.

Cette rectification se maintient généralement très longtemps.

2°
Rectification du grand miroir.

Enlever la lunette astronomique, disposer les viseurs aux extrémités du limbe, l'alidade au milieu, la vis de pression serrée, le centre du limbe étant vers vous, et l'œil à la hauteur des viseurs à quelque distance de l'instrument viser le plus près possible de l'arête du grand miroir, le viseur de gauche, et déplacer celui de droite jusqu'à ce que son image réfléchie par le grand miroir vienne toucher le viseur vu directement ; orienter les viseurs convenablement ; leurs arêtes supérieures doivent se prolonger.

Dans le cas contraire rectifier avec la vis à tête carrée v, qui se trouve un peu en arrière du grand miroir.

3°
Rectification du petit miroir.

Il suffit que dans une position, le petit miroir soit parallèle au grand miroir rectifié.

Soit M.N le grand miroir p. q. m. u le petit miroir fig.7. Si les deux miroirs sont parallèles un point A paraît réfléchi en A_1 par le grand miroir puis en A_2 par le petit miroir, les trois points A A_1 A_2 sont sur une droite normale aux miroirs. Si le point A est très éloigné, on peut supposer sans erreur sensible l'œil en C, les images directe et réfléchie A et A^2 paraissent confondues.

Si le petit miroir tourne un peu autour de sa trace m, u parallèle à MN et s'incline suivant m n p' q'. A_2 l'image réfléchie vient en A'_2, l'image réfléchie est alors plus éloignée du limbe que l'image directe, mais elles paraissent dans un plan normal à l'instrument.

Fig. 7

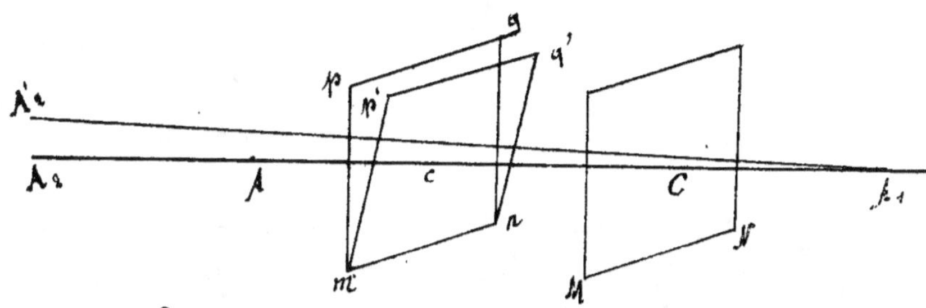

Réciproquement. — Si les images directe et réfléchie paraissent confondues, les miroirs sont parallèles ; si elles sont vues en même temps dans un plan normal au limbe les traces des miroirs sont également parallèles.

rectification. — Fixons l'alidade sur le zéro du limbe, le grand miroir étant rectifié préalablement, et voyons si le petit miroir lui est parallèle dans cette position.

Il y a plusieurs moyens de s'en assurer ; je vais indiquer les deux employés le plus généralement.

au moyen du disque du soleil. — Viser directement le soleil avec la lunette astronomique, en mettant une bonnette colorée, disposer les fils du réticule perpendiculairement au plan du limbe, mettre également une ou plusieurs bonnettes colorées devant le grand miroir, et faire en sorte d'obtenir deux soleil de différente couleur.

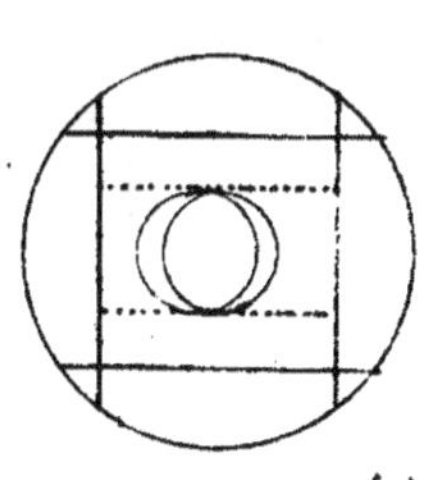

petit miroir non rectifié.

Au moyen de la vis de rappel de l'alidade, amener les deux images à la même distance des fils du réticule ; si les images se confondent le petit miroir est bien placé : si elles ne coïncident pas, faire basculer le petit miroir au moyen de la vis à terre carrée v'

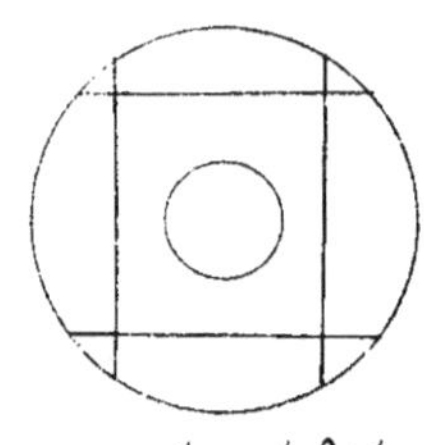

petit miroir rectifié.

qui se trouve près et derrière, en ayant soin de faire tourner légèrement la vis en continuant à viser le soleil, tourner à droite ou à gauche de manière à faire coïncider les 2 images.

Au moyen de l'horizon de la mer. Faire coïncider l'horizon vu directement avec l'horizon réfléchi, incliner le limbe de droite à gauche et de gauche à droite : si dans ce mouvement les deux images ne se séparent pas, les deux miroirs sont bien parallèles ; dans le cas contraire le petit miroir penche sur l'avant ou sur l'arrière, suivant que l'image réfléchie est la plus éloignée ou la plus rapprochée du plan du limbe.

Rectifier comme il a été dit plus haut (au moyen du disque du Soleil)

Comme on se sert généralement de la lunette astronomique qui renverse les objets, on doit changer le sens des apparences indiquées, en tournant légèrement la vis à droite ou à gauche, on se rendra compte immédiatement du sens que l'on doit employer.

Erreur Instrumentale. L'alidade devrait se trouver à 0° lorsque les images directes et réfléchies se superposent, il n'en est pas toujours ainsi, pour amener les 2 soleils à la même distance des fils du réticule, il a fallu faire marcher très légèrement l'alidade.

Cet angle que l'on peut alors lire au vernier, et qui est très petit s'appelle erreur instrumentale.

Cette erreur sera à retrancher ou à ajouter à la valeur angulaire de l'angle à mesurer suivant que l'index du vernier tombe à gauche ou à droite du 0 du limbe.

L'erreur instrumentale se détermine au moyen du disque

du Soleil.

Amener au contact le bord supérieur du soleil réfléchi S_2 avec le bord inférieur du soleil direct; noter la division S_2 marquée par l'index du vernier (fig. 6.)

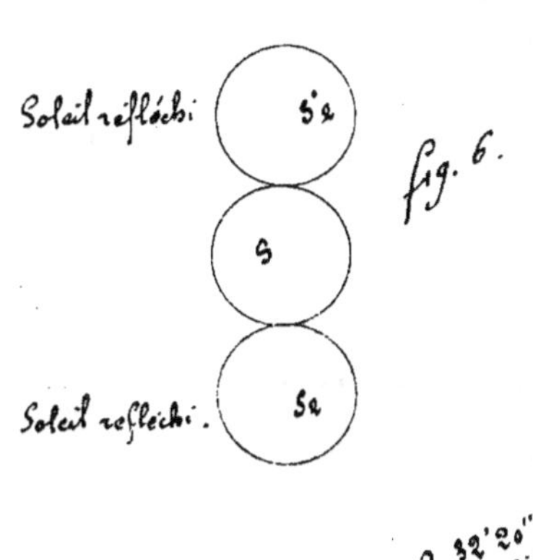

Établir le contact inverse (bord inférieur du soleil réfléchi et bord supérieur direct); noter la division S'_2 correspondante.

La moyenne de deux lectures $\dfrac{OS_2 + OS'_2}{2}$ donne la valeur de l'arc OS, erreur instrumentale.

On trouve par exemple

1° $OS_2 = +32'20''$

2° $OS'_2 = -36'40''$

d'où OS erreur inst. $= -2'10''$

C'est-à-dire que l'on doit retrancher $2'10''$ des arcs sur le limbe.

Dans la pratique on rend cette erreur aussi petite que possible; on arrive même quelquefois à l'annuler. L'altitude étant fixée sur le zéro du limbe, on vise le soleil et on établit la coïncidence des images au moyen de la vis K qui fait tourner le petit miroir autour d'une perpendiculaire au limbe.

Cette opération doit être faite après les rectifications précédentes, mais en déplaçant le petit miroir, on altère généralement la perpendicularité, de sorte qu'on est obligé de rectifier de nouveau; ce n'est donc que par une série de rectifications que l'on peut arriver à détruire l'erreur;

aussi se contente-t-on de la rendre très petite, on détermine ensuite au galeur.

Quant à indiquer le moyen de se servir du sextant pour prendre une hauteur, quelques jours de pratique le donneront très-facilement.

Chapitre IX.

Point observé.

Connaissance des temps. — Correction des hauteurs.

L'estime nous donne à un moment donné la position approchée du navire par les deux coordonnées géographiques latitude et longitude estimées.

Dans une traversée un peu longue, l'estime ne peut se faire; les erreurs s'accumulant sans cesse ne tarderaient pas à donner une position très-erronée.

On est donc obligé de recourir à l'observation des astres pour connaître la position exacte, c'est-à-dire pour obtenir la latitude et la longitude observées.

Parmi les différents moyens employés pour connaître la latitude nous indiquerons ceux qui servent le plus généralement.

1º Latitude par la hauteur méridienne du Soleil,
2º Latitude par la Polaire,
3º Latitude par des circumméridiennes du Soleil,
4º Latitude par 2 hauteurs.

La longitude observée sera déterminée par le calcul de l'angle au pôle P du triangle de position.

Nous ne nous occuperons que du Soleil, et nous connaissons (chap. 2) la relation qui existe entre l'angle au pôle P et l'angle horaire Pa.

Dans l'Ouest   Pa = P

dans l'Est   Pa = 360° − P

L'angle horaire du Soleil nous donne l'heure vraie; en lui ajoutant l'équation du temps on obtient l'heure moyenne du lieu.

D'un autre côté l'heure moyenne de Paris est donnée par les chronomètres.

La différence entre ces deux heures moyennes, calculées pour le même instant, détermine la longitude en temps.

Les trois côtés du triangle de position (fig. 4, chap. 2) sont PZ, PA et ZA.

PZ est la colatitude du lieu ou (90°−L). L'estime donne la latitude approchée.

PA est la distance polaire du Soleil Δ; elle est égale à 90° ± déclinaison selon l'époque et le lieu.

La déclinaison nous est donnée par la connaissance du temps.

ZA est la distance zénithale du Soleil, complément de la hauteur vraie AH.

Les trois côtés du triangle peuvent donc être connus à un moment donné.

L'angle P du triangle s'obtient par la formule de Borda:

$$ \operatorname{Sin} \frac{P}{2} = \sqrt{\frac{\cos S \, \sin (S-H)}{\cos L \, \sin \Delta}} $$

dans laquelle S représente la demi-somme de:

(H hauteur vraie + L latitude + Δ distance polaire).

En la traitant par les logarithmes on obtient:

$$ 2 \operatorname{Log.} \sin \frac{P}{2} = \operatorname{Colog} \cos L + \operatorname{Colg} \sin \Delta + \log \cos S + \log \sin (S-H) $$

ce qui donne $\frac{P}{2}$ en degrés d'où P en temps dont on déduit l'angle horaire, et pour le Soleil l'heure vraie.

Connaissance des temps.   La connaissance des temps publiée par le bureau des longitudes donne pour tous les jours de l'année les Éphémérides du

Soleil, de la Lune, des planètes, et de certaines étoiles principales, ainsi que les positions géographiques des principales villes ou points importants du globe.

Nous ne nous occuperons que des éléments dont nous avons besoin dans les calculs indiqués ci-après, c'est-à-dire :

1° Déclinaison du Soleil.

2° Temps moyen à midi vrai (Équation du temps).

3° Demi-diamètre du Soleil.

4° Temps sidéral à midi moyen ou ascension droite moyenne.

5° Éléments de la Polaire.

6° Déclinaisons et ascensions droites des étoiles principales.

Déclinaison du Soleil. — Elle est donnée (pages 10 à 27) pour tous les jours de l'année soit à midi vrai, soit à midi moyen, de Paris.

Dans les calculs on ne s'occupe que de l'heure moyenne de Paris, heure qui est donnée par les chronomètres ; au reste la différence entre la déclinaison à midi vrai et à midi moyen est très-petite.

Prenons donc la déclinaison du Soleil à midi moyen de Paris (page de droite).

La table nous donne pour le 15 Mai 1896

$$+ 19°\,03'\,09''\,7$$

Les signes + ou — indiquent que la déclinaison est Nord ou Sud.

Nous trouvons en même temps sa variation pour 1 h. dans la colonne à droite, soit 34'',82.

Si donc on veut obtenir la déclinaison à une heure donnée temps moyen de Paris, il suffit de calculer la variation de cet élément à partir du midi moyen de Paris précédent pour le nombre d'heures et de minutes données et d'ajouter algébriquement la correction ainsi obtenue à la déclinaison du midi moyen précédent.

Exemple. — Quelle est la déclinaison du Soleil le 14 Mai 1896 à 20ʰ 17ᵐ, heure moyenne de Paris ?

Le 14 Mai à midi moyen de Paris D = + 18° 49' 04" 3.

Variation pour 1ʰ = + 35" 62.

donc pour 20ʰ variation = + 712" 4

17ᵐ = + 10" 4

____

en pour 20ʰ17ᵐ = + 722" 8 = + 12' 02" 8.

à midi moyen le 14 D = + 18° 49' 04" 3.

variation pour 20ʰ17' = + 12' 02" 8.

Déclinaison demandée = + 19° 01' 07" 1

ou 19° 01' 07" 1 N

Équation du temps.

Le calcul d'angle horaire par le Soleil nous donne l'heure vraie du lieu, il faut la convertir en heure moyenne pour obtenir la longitude par sa comparaison à l'heure moyenne de Paris obtenue par les chronomètres.

La connaissance des temps indique pour chaque jour à midi vrai le temps moyen de Paris (Temps moyen de Paris à midi vrai) (page de gauche de 10 à 27) c'est-à-dire l'avance ou le retard du temps moyen sur le temps vrai à midi vrai de Paris. Elle donne en même temps sa variation pour 1ʰ.

Il suffit donc de calculer la variation pour l'heure moyenne de Paris, et de l'ajouter ou de la retrancher du temps moyen de Paris à midi vrai pris pour la date, pour obtenir la différence entre l'heure vraie du lieu et l'heure moyenne, soit l'équation du temps.

Exemple: Quelle est l'équation du temps le 8 Juin 1896 à 3ʰ 30ᵐ heure moyenne de Paris?

A midi vrai le 8 Juin E = 11ʰ 58ᵐ 53ˢ 29

variation pour 1ʰ = + 0ˢ 484

____

donc pour 3ʰ variation = + 1ˢ. 452

30ᵐ = + 0ˢ, 242

pour 3ʰ 30ˢ variation = + 1ˢ. 697 = + 1ˢ. 70

à midi vrai le 8 Juin   E = 11ʰ 58ᵐ 53ˢ29.

  variation pour 3ʰ 30 = + 1ˢ 70

à 3ʰ 30 heure moyenne de Paris = 11ʰ 58ᵐ 54ˢ 99.

Si le calcul d'angle horaire nous a donné comme heure vraie du lieu 2ʰ 22ᵐ 33ˢ 4 le 8 Juin, pour avoir l'heure moyenne du lieu il faut lui ajouter 11ʰ 58ᵐ 54ˢ 99.

Ce qui donne heure moyenne du lieu :

= 14ʰ 21ᵐ 28ˢ 39 dont il faut retrancher 12ʰ

ou 2ʰ 21ᵐ 28ˢ 39.

Le temps moyen retarde dans ce cas sur le temps vrai ; la connaissance des temps au lieu de donner − 1ᵐ 05ˢ donne le complément à 12ʰ soit 11ʰ 58ᵐ 55ˢ ; mais dans ce cas il faut retrancher 12ʰ au résultat ; par suite l'équation du temps est toujours à ajouter à l'heure vraie pour obtenir l'heure moyenne.

Demi diamètre du Soleil. Il est donné dans la page de droite : le nombre de minutes en haut de la page, la colonne donne les secondes et dixièmes ; on le prend pour le jour tel qu'il est donné, et pour les calculs ordinaires à 10ⁿ près.

Ce demi-diamètre sert à la correction des hauteurs.

Le 8 Juin le demi-diamètre donné par la table est

15' 47" 23

on prend 15' 50"

Temps sidéral à midi moyen. C'est en réalité l'ascension droite du Soleil moyen. Elle est donnée dans la connaissance des temps pour midi moyen sous le nom de Temps sidéral à midi moyen de Paris (page de droite).

Elle varie régulièrement en 24ʰ de 3ᵐ 56ˢ 555 en augmentant.

On s'en sert dans les calculs d'angle horaire par les étoiles.

Éléments de la Polaire ou des étoiles.

Les éléments de ces astres sont nécessaires soit pour le calcul de latitude par la Polaire soit au calcul de variation par cette même étoile ou pour obtenir l'heure moyenne.

Tables de Labrosse. Livre II.

La table I Labrosse Livre II sert à la correction des hauteurs de Soleil, et la table II aux corrections des hauteurs d'étoiles (voir correction des hauteurs).

La table III permet de calculer rapidement les parties proportionnelles étant donnée une variation pour 24^h.

Les tables IV et V servent à convertir les degrés en temps et réciproquement.

La table IX donne immédiatement l'angle horaire en heures, minutes et secondes correspondant à la quantité:

$$2 \, Log \, sinus \; \frac{P}{2}$$

Suivre l'explication donnée: je ne m'en servirai pas, préférant toujours indiquer le calcul complet.

Je donnerai plus loin l'indication pour les tables suivantes.

Observations à la mer.

Quand il s'agit d'obtenir la latitude par la hauteur méridienne du Soleil, on commence à observer une dizaine de minutes environ avant le passage du Soleil au méridien (voir plus loin. Latitude méridienne).

Circonstances favorables au calcul d'heure.

Mais pour le calcul d'angle horaire on ne peut observer à tout moment il y a ce que l'on appelle l'instant des circonstances favorables.

L'erreur sur la hauteur est en général très faible relativement à l'erreur de la latitude empruntée à l'estime. Les circonstances favorables sont le moment où cette erreur de l'estime influe le moins sur le calcul d'angle horaire.

Cette heure des circonstances favorables est donnée par la table XXXIV de Caillet ou celle XXV de Callet (angle horaire d'un astre et sa hauteur à l'instant favorable pour déterminer l'heure.)

1° Déclinaison de même nom que la latitude.

On entre dans la table avec la latitude approchée (colonne verticale) et la déclinaison approchée (colonne horizontale du haut) faire cadrer.

Exemple: Soit L = 40° N   D = 17° N .

Nous trouvons comme angle horaire $4^h 35^m$ a comme hauteur approchée 27°, c'est-à-dire que l'on doit observer $4^h 35^m$ avant le passage du Soleil au méridien ou $4^h 35^m$ après ce passage pour pour se trouver dans les circonstances favorables, on à $7^h ½$ du matin et $4 ½$ du soir.

Il est bien entendu que cette heure d'observation est subordonnée à l'état du ciel : mais il sera bon, autant qu'on le pourra, de prendre des hauteurs du Soleil vers ce moment.

Si la latitude et la déclinaison sont de noms contraires, les circonstances favorables sont celles où la hauteur est la plus petite possible, sans toutefois être inférieure à 10°, à cause de l'incertitude des réfractions ; on prendra donc des hauteurs de 12 à 15° environ.

Monter sur le pont avec le sextant au moment des circonstances favorables, vérifier sommairement l'instrument, et en prendre l'erreur ; se porter près d'un panneau voisin de la chambre où se trouve le chronomètre, et placer à cette montre une personne de confiance qui doit compter à haute voix les secondes en notant les changements de minute, à partir du moment où l'on dit : attention :

Compter ainsi :

7^h 32 minutes, 45^s, 46. 47. 48. 49. 50. 51. 52 59 , 33 minutes, 1 seconde, 2, 3 , etc...

Noter la hauteur de l'œil au-dessus du niveau de la mer.

Se servir de la lunette astronomique qui renverse

Donc le bord inférieur du Soleil, celui que l'on observe généralement doit paraître au-dessous de l'horizon.

Tenir le sextant dans le plan vertical de l'astre, et en

moyen de la vis de rappel, amener le Soleil à tangenter
l'horizon ; balancer légèrement
l'instrument à droite et à gauche, et dire top au moment
du contact exact.

À ce moment la personne chargée du chronomètre doit répéter à haute voix l'heure, la minute et
les secondes correspondant au top. Elle inscrit sur un car-
net l'observation et l'heure.

Si l'on observe le matin et le bord inférieur, le
Soleil tend à s'écarter de l'horizon vu dans la lunette ; le
soir il mord sur l'horizon.

Prendre toujours une série de 3 hauteurs ; avec
un peu d'habitude il ne faut pas plus de 30^s pour une
hauteur, soit 1^m 30 pour les trois.

Faire la moyenne des heures du chronomètre,
la moyenne des hauteurs, et l'on obtient la hauteur observée instrumentale du bord inférieur du Soleil, ou
H inst. ☉ à une heure C du chronomètre.

Si l'on se sert d'un compteur que l'on envoie
sur le pont, prendre aussitôt l'observation terminée
une comparaison avec le chronomètre pour avoir
l'heure correspondante de ce dernier.

Prendre aussi le relèvement au compas du Soleil (Calcul de variation).

Certains calculs, celui de l'état absolu du chronomètre au moyen des hauteurs, nécessitent des observations faites à terre.

On se sert dans ce cas d'horizons artificiels. Il
y en a de deux sortes : 1° à liquide, 2° à glace.

Le plus pratique est l'horizon liquide ; la réflexion s'opère à la surface extérieure d'un liquide

généralement le mercure, que l'on place dans un vase peu profond ayant environ de 15 à 20 centimètres d'ouverture; une toiture assez lourde abrite l'horizon contre les agitations de l'air; deux fenêtres opposées qu'on dispose par le vertical de l'astre sont fermées par des glaces à faces parallèles ou par des feuilles d'un talc très pur; se placer dans un endroit où les trépidations du sol ne peuvent se faire sentir:

On ne peut faire usage de l'horizon artificiel et du sextant que si la hauteur de l'astre est comprise entre 18° et 65°:

Rectifier le sextant avec beaucoup de soin car il importe dans le calcul d'état absolu que les hauteurs soient prises aussi précises que possible.

S'asseoir sur la boîte du sextant, les coudes sur les genoux et dans une position telle que l'on puisse apercevoir sur l'horizon artificiel l'image du Soleil direct.

Avec le sextant amener le Soleil, vu dans l'instrument, de façon à ce qu'il se sépare de celui vu directement.

Employer les lunettes colorées nécessaires pour ne pas fatiguer la vue.

On prend donc le bord inférieur le matin et le bord supérieur le soir; le Soleil réfléchi sera le matin au dessous, et l'après-midi au-dessus du Soleil direct; on reconnaît facilement les deux images, même lorsqu'elles sont de même couleur en remarquant que les mouvements involontaires que la main imprime au sextant déplacent fort peu l'image directe et beaucoup l'image réfléchie

Faire mordre légèrement les deux soleils au moyen de la vis de rappel, en disant attention au compteur, et donner le top au moment où les deux soleils sont tangentes.

Prendre ainsi 3 séries de 3 ou 4 hauteurs en ayant soin au milieu de l'observation, de changer de côté à la toiture de l'horizon.

Vérifier de nouveau l'instrument après l'observation.

Nota.

Les hauteurs lues sur le sextant, et prises avec l'horizon artificiel sont le double de la hauteur.

On en prendra donc la moitié lorsqu'elles entreront dans le calcul; après avoir corrigé la hauteur donnée par le sextant de l'erreur instrumentale.

Horizon à glace.

On se sert aussi d'horizon à glace; le plan réfléchissant est la face supérieure d'une glace circulaire; l'autre face est dépolie et noircie. La glace est fixée sans ballotement, dans une monture en cuivre munie de 3 vis calantes dont les pointes forment les sommets d'un triangle équilatéral. Pour caler l'horizon, c'est-à-dire pour rendre la glace horizontale on se sert d'un niveau à bulle d'air; on le pose d'abord dans la direction de deux vis calantes, et on détermine l'horizontalité de cette ligne par le retournement du niveau; on le met ensuite dans une direction à peu près perpendiculaire, à la première; et on rend cette ligne horizontale à l'aide de la 3e vis, sans toucher aux deux autres; on vérifie de nouveau la première; si la glace est plane, sa surface sera alors horizontale et la bulle restera dans ses repères, quelle que soit la position du niveau.

Observation de nuit.

La seule dont nous voulons nous occuper est celle de la Polaire, que l'on reconnaîtra toujours facilement: pour cette observation il vaut mieux se servir de la lunette terrestre, du sextant, dont le champ est plus grand que celui de la lunette astronomique.

Il faut aussi que l'horizon soit suffisamment clair

Viser directement l'étoile en mettant l'alidade à zéro ; ouvrir ensuite progressivement l'alidade en abaissant le rayon visuel de manière à conserver toujours l'image réfléchie dans le champ de la lunette.

On arrive ainsi à diriger l'axe optique sur la ligne d'horizon ; on en prend le contact avec l'étoile réfléchie et l'on obtient la hauteur.

Correction des hauteurs. La hauteur du Soleil fournie par le sextant doit subir diverses corrections avant d'entrer dans le calcul, où l'on doit employer la hauteur vraie du centre.

Ces corrections dépendent :

1° de l'erreur instrumentale (voir au sextant).

2° de la dépression.

Soit O l'œil, de l'observateur élevé, de quelques mètres au-dessus de la surface de la Terre, A l'astre (fig. 1).

La hauteur vraie du centre est AOH, OH étant l'horizon vrai.

La hauteur que nous avons observée est A'OT, la ligne OT étant l'horizon visible ; mais la réfraction terrestre relève un peu le point de tangente T, et fait ainsi paraître suivant OT' l'horizon de la mer.

L'angle HOT s'appelle dépression vraie ;

Fig. 1.

HOT' s'appelle dépression apparente

TOT' . . . . . . réfraction terrestre

Les tables XV de Caillet et VII de Callet donnent la dépression apparente qui est toujours à retrancher de la hauteur observée, et qui augmente avec l'élévation de l'œil.

Pour une élévation de l'œil de 6ᵐ la dépression apparente est de 4' 21".

En la retranchant de la hauteur observée d'un bord quelconque du Soleil, on obtient la hauteur apparente de ce même bord. A'OH.

3.° de la réfraction astronomique.

La déviation que subissent les rayons lumineux en traversant toute la couche atmosphérique font paraître l'astre un peu plus élevé qu'il ne l'est en réalité.

La hauteur apparente A'OH doit donc être diminuée de cette réfraction astronomique.

Les tables XVI de Caillet et de VIII de Callet donnent cette réfraction calculée pour une hauteur barométrique de 760 et une température de 10°.

Il inutile de tenir compte des corrections aux réfractions relativement au thermomètre et au baromètre.

En retranchant cette réfraction moyenne de la hauteur apparente on obtient la hauteur apparente corrigée.

Pour obtenir la réfraction, entrer dans les tables avec la hauteur apparente.

Pour une hauteur de 26° la réfraction est de 1'59".

4.° de la parallaxe:

L'observation doit être rapportée comme si elle était faite du centre de la Terre, et la parallaxe est l'angle sous lequel du Soleil, on verrait le rayon terrestre.

La hauteur apparente doit donc être augmentée de la parallaxe. Tables XVII Caillet et IX Callet.

Argument hauteur apparente.

Comme on peut le voir dans ces tables, le maximum de la parallaxe pour le Soleil n'atteint pas 9": il est donc inutile de s'en occuper pour le calcul à la mer.

5.° du demi-diamètre.

Nous avons observé l'un des bords du Soleil, le bord inférieur, dans ce cas, suivant l'OH ; nous avons besoin pour les calculs de la hauteur du centre.

Nous devons donc ajouter (observation bord inférieur)

— — — — — retrancher (— — — — — supérieur).

le demi-diamètre du Soleil, donné dans la connaissance des temps pour le jour de l'observation.

Cette dernière correction faite on obtient la hauteur vraie du centre du Soleil (type III) (7).

Correction des hauteurs du bord inférieur du Soleil par les tables de Caillet ou de Labrosse. (type III) (8).

La table auxiliaire E de Caillet et la table I (Labrosse, livre II) donnent l'ensemble de toutes les corrections, elles servent donc à abréger les calculs.

Entrer dans ces tables avec la hauteur observée, colonne verticale) et l'élévation de l'œil (colonne horizontale), faire cadrer : le nombre trouvé exprimé en minutes de degrés et dixièmes (Caillet), en minutes et secondes de degrés (Labrosse) la valeur de la correction qui est toujours additive.

Mais le demi-diamètre du Soleil subissant une légère variation suivant l'époque, ces mêmes tables donnent pour chaque mois une correction spéciale provenant de cette variation.

Les tables de Caillet donnent cette correction en dixièmes de minute.

— — — — Labrosse — — — — — — — secondes de degrés.

Elle est tantôt additive, tantôt soustractive suivant le mois.

Ces deux corrections faites on obtient la hauteur vraie du centre pour une observation du bord inférieur.

Si l'on a observé le bord supérieur du Soleil on retranche

Bord
supérieur.   32' de la hauteur corrigée au moyen des tables E Cailler et 1 Labrosse, et on change le signe des variations du demi-diamètre.

- - -

Correction des hauteurs d'étoiles (Type III) (10).

- - -

Mêmes corrections que pour le Soleil en erreur instrumentale, dépression et réfraction : le demi-diamètre n'existe pas, l'étoile
pouvant être considérée comme un point.
Par la table 2 de Labrosse (Livre II).
La table 2 de Labrosse donne la valeur totale de la correction
qui est toujours soustractive.
Argument vertical - hauteur observée.
. . . . horizontal - Élévation de l'œil.

Correction des hauteurs prises à l'horizon artificiel.

- - -

Nous avons vu que dans ce cas, la hauteur prise au sex-
tant est le double de la hauteur observée.
L'erreur instrumentale influe sur cette hauteur doublée.
Donc : Commencer par corriger la hauteur lue sur le sextant
de l'erreur instrumentale, et en prendre la moitié.
Pas de correction pour la dépression. Le reste du calcul est
le même.
Ne jamais se servir des tables simplifiées (Cailler ou Labrosse).
Voir au Type III (9).
Nota. — Comme il s'agit généralement de calcul d'état
absolu, toutes les corrections doivent être faites très-exactement,
y compris celle provenant de la parallaxe. (Cette dernière
toujours additive).

- - -

Chapitre X.

Latitude observée.

1º Latitude méridienne.

Le passage de tout astre au méridien du lieu, peut par l'observation de sa hauteur à cet instant, déterminer la latitude.

Soit O le centre de la sphère céleste, Z le zénith du point d'observation, P O P' l'axe du monde, Q Q' l'équateur céleste (fig. 1).

La latitude du lieu dont la verticale est OZ est égale à ZQ.

Peu le pôle élevé et PZP' le méridien supérieur.

Nous ne nous occuperons que du passage d'un astre au méridien supérieur.

Supposons P pôle élevé le pôle Nord.

Fig. 1.

Si la déclinaison de l'astre est Nord, il passera au méridien supérieur entre P et Q, soit en A ou A″.

Si la déclinaison est Sud le passage aura lieu entre Q et H en A' (H.H' horizon du lieu).

Il s'agit bien entendu du passage visible.

D'après la figure :

Le passage en A″ aurait lieu au méridien inférieur.

$$ZQ = ZA + AQ \qquad AQ \text{ déclinaison Nord}$$
$$\text{on} \quad ZQ = ZA' - A'Q \qquad A'Q \text{ déclinaison Sud}$$
$$\text{ou} \quad ZQ = A''Q - ZA'' \qquad A''Q \text{ déclinaison Nord}$$

ZA, ZA' et ZA'' représentent la distance zénithale de l'astre à son passage au méridien, c'est-à-dire le complément à 90° de la hauteur vraie.

La distance zénithale est Nord ou Sud suivant que dans l'observation de la hauteur méridienne on fait face au Sud ou au Nord.

En A la hauteur vraie est AH prise face au Sud. donc distance zénithale ZA est Nord.

Il en est de même pour la position A'.

Si le passage avait lieu en A'' la hauteur vraie serait A''H' prise face au Nord.

d'où distance zénithale ZA'' serait Sud

et la déclinaison A''Q serait Nord.

Règle générale.— Si la déclinaison et la distance zénithale sont de même nom

$$\text{Latitude} = \text{Déclinaison} + \text{distance zénithale.}$$

Si la déclinaison et la distance zénithale sont de noms contraires

$$\text{Latitude} = \text{leur différence}$$

et prend le nom de la plus grande.

Latitude par la hauteur méridienne du Soleil. (Type IV) (H).

Le calcul de latitude méridienne par la hauteur méridienne du Soleil est le plus usité; il se fait journellement à la mer.

Le Soleil passe au méridien à midi vrai du lieu.

Quelques minutes avant midi vrai on se met en

observation et l'on suit au sextant le mouvement encore ascension-
nel du Soleil. Nous supposons l'observation faite avec la lunette astronomique et sur le bord inférieur du Soleil.

Soit H H' l'horizon de la mer : faire tangenter le Soleil au-
dessous de l'horizon ou dans la lunette, tout en balançant légèrement l'instrument autour du rayon visuel.

Un instant après le Soleil se trouve dans la position S;
il s'est écarté de l'horizon, donc il monte encore; au moyen de la vis
de rappel on le fait tangenter à nouveau et l'on continue ainsi.
(fig. 2).

Quand, en suivant son mouvement, dans la lunette l'i-
mage du Soleil cesse de s'éloigner de l'horizon et tend au contraire
à le couper dans la position S" on a la hauteur instrumentale maxima que l'on peut regar-
der comme correspondante au passage méridien. Il est midi vrai du
lieu, et l'on règle la montre d'habitude.

Fig. 2.

Corriger cette hauteur et en déduire la distance zénithale
qui est Nord ou Sud.

Dans nos régions (hémisphère Nord) elle est Nord, du moment que la latitude est supérieure à 23°27' maximum de la
déclinaison Nord du Soleil.

Si la latitude Nord est plus faible que la déclinaison
Nord, le passage au méridien a lieu entre le Pôle Nord et le
Zénith, c'est-à-dire que l'on observe face au Nord, et dans ce
cas, la distance zénithale est Sud.

Le point estimé donne la longitude approchée, on en
déduit H m P correspondante au midi vrai du lieu.

Heure vraie du lieu ou HvL $= 0^h\ 00^m\ 00^s$ le .....

prendre à vue $\qquad E =$ ----------- Équation du temps

$$\overline{\qquad\qquad\qquad\qquad}$$

$HmL =$ .... le .....

$Ge =$ .... Est ou Ouest

$$\overline{\qquad\qquad\qquad\qquad}$$

$HmP =$ .... le .....

Calculer la déclinaison pour cette heure HmP et appliquer la règle générale.

Nota. — Dans la pratique il est inutile de se servir de E; on ajoute simplement ou on retranche la longitude suivant sa dénomination à HvL pour avoir l'heure approchée de Paris.

Latitude par le passage méridien d'une planète.

La règle est la même, et pour certaines planètes la déclinaison variant sensiblement en 24^h, il est nécessaire de calculer la partie proportionnelle pour HmP qui est déduite dans ce cas de l'heure C du chronomètre correspondante au passage méridien de la Planète.

Donc corriger la hauteur comme pour une étoile (Table 2 Labrosse, Livre second) calculer la déclinaison pour HmP, suivant le cas on l'ajoute ou on la retranche de la distance zénithale, et le résultat donne la Latitude méridienne (Type IV (11) et type pour planète ni étoile.

2.° Latitude par des circumméridiennes du Soleil (Type IV (12).

On appelle circumméridiennes des hauteurs d'un astre qui donnent un angle au pôle très petit : ce sont donc des hauteurs voisines du passage de cet astre au méridien.

Lorsque l'on ne peut, ou lorsque l'on craint par suite de l'état du ciel de ne pouvoir observer le Soleil à son passage au méridien, on peut obtenir la latitude méridienne par l'observation de circumméridiennes.

95

La formule employée est :

H. méridienne = H circumméridienne + αp^2.

La valeur de α est donnée en secondes de degrés dans la table A Caillet, en XXVI Callet (changement en hauteur d'un astre pendant la minute qui précède ou qui suit son passage au méridien).

Entrer dans la table A Caillet avec la latitude estimée et la déclinaison : si elles sont de même nom prendre la déclinaison avec le signe + ; si elles sont de noms contraires avec le signe −.

Les déclinaisons page 1 et moitié de la page 2 portent le signe − ; moitié de la page 2 et page 3, le signe +.

Faire cadrer et l'on obtient la valeur de α.

Pour les tables de Callet prendre :
Déclinaison et latitude de même nom, ou Déclinaison de différente dénomination que la latitude.

Cette même table XXVI de Callet, et celle XL de Caillet, donnent également la limite des circumméridiennes, c'est-à-dire le nombre de minutes pendant lequel on peut observer pour obtenir la latitude méridienne à 1' près.

Suivre les indications fournies par ces tables pour trouver la limite.

En général on peut observer en moyenne de 30ᵐ avant le passage au méridien à 30ᵐ après.

Prenons dans la limite deux hauteurs H et H_1, à quelques minutes d'intervalle.

Désignons par p et p_1 les angles au pôle très petits du Soleil correspondants à ces hauteurs.

Il est de toute évidence que le plus grand des angles au pôle correspond à la plus petite des hauteurs.

Notons les heures C et C_1 du chronomètre ou du compteur aux observations de H et H_1.

La différence des deux angles au pôle p et p_1 est évidemment égale à l'intervalle $C_1 - C$, exprimé en minutes de temps, en supposant les deux hauteurs prises du même côté du méridien.

Supposons les observations faites avant le passage du Soleil au méridien ; nous avons :

$$p - p_1 = C_1 - C \quad (\text{différence exprimée en minutes du temps})$$

nous obtiendrons $p + p_1$ par la formule:

$$p + p_1 = \frac{H_1 - H}{\alpha (p - p_1)} \quad (H_1 - H) \text{ en secondes de degrés.}$$

Additionnons, nous avons:

$$2p = \left(C_1 - C + \frac{H_1 - H}{\alpha (p - p_1)} \right) \quad \text{d'où } p =$$

p étant le plus grand des angles au pôle, correspond à la plus petite des hauteurs, soit dans ce cas à celle de la première observation (nous avons supposé des circumméridiennes avant le passage) H.

Faire le carré de p, le multiplier par α et l'on obtient αp^2 en secondes de degrés.

Réduire cette correction en minutes et secondes de degrés et l'ajouter à la hauteur H.

Le résultat $H + \alpha p^2$ est la hauteur méridienne à 1' près.

Corriger cette hauteur et en déduire comme précédemment la latitude méridienne.

3º Latitude par la Polaire. Type IV (13).

Il arrive fréquemment, dans le cours de la navigation, que l'on ait besoin la nuit de connaître exactement la latitude.

Lorsque l'on se trouve dans l'hémisphère Nord, la hauteur de l'étoile polaire, donne, après un calcul très simple, la latitude au moment de l'observation.

Cette étoile décrit autour du pôle Nord un petit cercle dont le rayon est actuellement d'environ 1º16'.

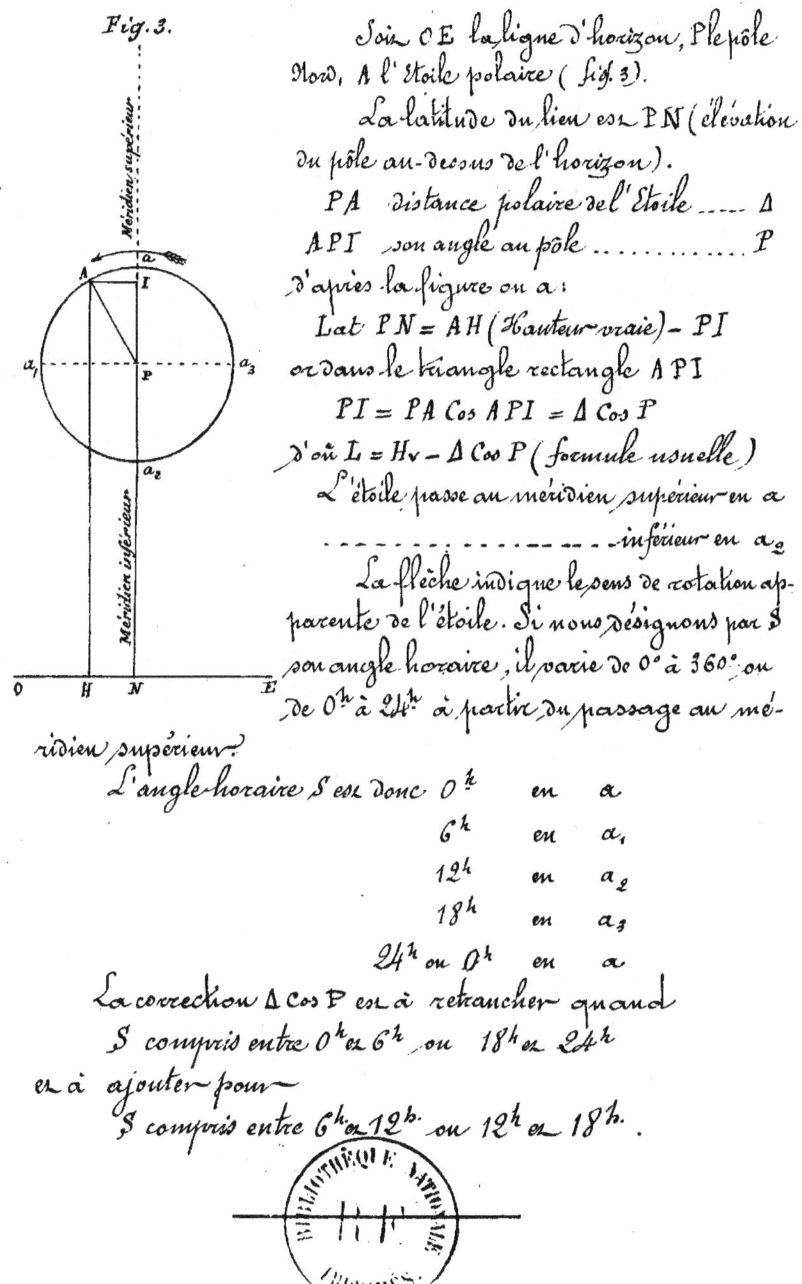

Soit OE la ligne d'horizon, P le pôle Nord, A l'étoile polaire (fig. 3).

La latitude du lieu est PN (élévation du pôle au-dessus de l'horizon).

PA   distance polaire de l'étoile ..... Δ

API   son angle au pôle .... P

D'après la figure on a :

Lat $PN = AH$ (Hauteur vraie) $- PI$

or dans le triangle rectangle A P I

$$PI = PA \cos API = \Delta \cos P$$

d'où $L = Hv - \Delta \cos P$ (formule usuelle)

L'étoile passe au méridien supérieur en a

.... inférieur en a_2

La flèche indique le sens de rotation apparente de l'étoile. Si nous désignons par S son angle horaire, il varie de $0°$ à $360°$ ou de 0^h à 24^h à partir du passage au méridien supérieur.

L'angle horaire S est donc 0^h en a

                        6^h en a_1

                        12^h en a_2

                        18^h en a_3

        24^h ou 0^h en a

La correction $\Delta \cos P$ est à retrancher quand S compris entre 0^h et 6^h ou 18^h et 24^h

et à ajouter pour S compris entre 6^h et 12^h ou 12^h et 18^h.

Calcul du terme Δ Cos P (2 méthodes).

1° Par la connaissance des temps (type IV) (13).

Prendre au moment de l'observation le temps vrai du lieu qui est donné par la montre du bord en ayant soin de le corriger du changement en longitude depuis le moment où la montre a été réglée (en général midi précédent) à raison de 4^m par degrés, et en ajoutant 12^h si l'on observe après minuit.

De cette heure vraie du lieu, on en déduit par la longitude estimée l'heure vraie de Paris (H.v.P).

$$H.v.P = H.v.L \quad \genfrac{}{}{0pt}{}{+ \text{Longitude Ouest}}{- \text{Longitude Est}}$$

Entrer dans la table I (Connaissance des temps p. 644 pour 1896) intitulée « Détermination de la latitude par l'ob-servation d'une hauteur de la Polaire » avec la date du jour (Temps vrai de Paris), on trouve un nombre d'heures a qui ajoutées à l'heure vraie du bord donne la valeur S de l'angle horaire de la Polaire.

Exemples: Temps vrai de Paris = 10^h 50^m le 12 Février
Prendre pour chercher à la date du 12.

Temps vrai de Paris = 17^h 22' le 12 février
Prendre la date du 13.

Avec cet angle horaire S ainsi déterminé, entrer dans dans la table III (page 646); voir au haut de cette page et bien faire attention au signe que l'on doit donner à la correction.

Le nombre de minutes en secondes de degré que l'on trouve dans cette table est le terme Δ Cos P qui ajouté avec son signe à la hauteur vraie Polaire donne la latitude.

2.° Par les tables de Labrosse (Livre second T. 14 et 15).

Suivre les indications de la Table 14, et faire ensuite à la latitude approchée la correction de la Table 15.

L'heure moyenne du bord s'obtient en ajoutant E pris à vue pour la date à l'heure vraie du bord.

3.° Latitude par les hauteurs méridiennes d'étoiles.

Si l'on a observé la hauteur maxima ou méridienne d'une étoile reconnue, et indiquée dans le Catalogue de la Connaissance des temps, on corrigera cette hauteur, on en déduira la distance zénithale; on prendra la déclinaison de l'étoile, de ces deux dernières quantités, combinées suivant la règle, on conclura la latitude.

Chapitre XI.

Longitude par les chronomètres.

Calcul de l'heure moyenne d'un lieu par une hauteur de Soleil, connaissant la latitude.

La longitude d'un lieu exprimée en temps, est à tout moment la différence entre l'heure moyenne de Paris et l'heure moyenne du lieu.

Les chronomètres, nous donnent l'heure moyenne de Paris.

La solution du triangle de position PZA fera obtenir l'angle au pôle P de ce triangle.

Nous avons vu (chap. II) que l'heure vraie d'un lieu est donnée par l'angle horaire du Soleil, et que dans l'Ouest,

heure vraie = angle horaire = angle au pôle P.

et dans l'Est,

heure vraie = angle horaire = $24^h - P$.

En résolvant le triangle, nous connaîtrons la valeur de P d'où l'heure vraie qui en lui ajoutant l'équation du temps, se transforme en heure moyenne du lieu.

Nous avons ainsi la longitude.

Voyons maintenant comment il faut opérer dans la pratique pour obtenir ce résultat.

Prenons une série de trois hauteurs, au moment des circonstances favorables (chap. IX) aux heures C_1 C_2 C_3 du chronomètre.

On en déduit une hauteur instrumentale moyenne à l'heure C. Corriger cette hauteur.

Faire le calcul approché de l'heure de Paris par l'heure du bord et la longitude, dans le but de connaître la date qui convient à HmP.

Calculer l'état absolu ou (TmP - G) pour cette heure approchée. On en déduit HmP exacte.

Prendre les éléments E (Temps moyen à midi vrai) et D déclinaison pour HmP.

La déclinaison nous donne la distance polaire Δ.

Δ = 90° ± D selon que la latitude et la déclinaison sont de noms contraires ou de même nom.

Observons à midi la hauteur méridienne du Soleil; nous obtenons la latitude exacte à midi.

Rapportons par l'estime de la route (de l'observation à midi) cette latitude au moment de l'observation soit L mérid ± l selon le sens de la route.

calculons P par la formule de Borda. De P on déduit l'angle ou heure vraie et au moyen de E l'heure moyenne du lieu HmL. La différence entre Hm P et HmL est la longitude en temps au moment de l'observation.

On la ramène par l'estime à midi et l'on obtient les deux coordonnées Lat. et Long. ou la position du na- vire qui est encore erronée par suite de l'estime entre l'observation et midi.

Disposer le calcul comme il suit (Type général).

2 S représente la somme de H_v θ + L + Δ.

S la demi somme

Nota. — Ce petit travail étant surtout destiné aux yachtmen qui n'ont pas la pratique du calcul, je crois devoir à ce moment donner un aperçu sur la manière de prendre les logarithmes et cologarithmes sinus et cosinus des angles, tout en recommandant de suivre les indications données à l'explication des tables soit de Caillet, soit de Callet.

Tables de Caillet.

Les tables de Caillet donnent les logarithmes à 6 décimales de 15" en 15" de degrés ou de 1ˢ en 1ˢ temps.

Trouver le log. sin 26° 50' 15" (p. 159).

on trouve = T, 654 621 ou 9. 654 621.

Les caractéristiques T ou 9 sont identiques.

Ces caractéristiques sont données en haut ou en bas de la page, et dans la colonne correspondante:

Nous, voyons dans cette page que:

Log. cos. (90°+n°) = Log. sin. n° { le log. cos. 116° 50' 15" = log. sin. 26° 50' 15"

Log. sin (90°+n°) = Log. cos. n° } Donc log. sin. (n°) = log. cos. (90°+n°).

Le cologarithme est le complément à 0 ou logarithme (T. de Caillet) ou à 10 T. de Callet.

Ainsi : log. sin 26° 50' 15" = T ou 9. 654 621

colog. sin 26° 50' 15" = 0 ou 0. 345 379

Somme = 0 ou 10. 000 000.

Notes explicatives.

(1) L'heure vraie du lieu est égale à l'heure de la montre de midi à minuit.
et à 12^h + heure montre de minuit à midi.
Si l'on voulait une plus grande exactitude (généralement inutile dans la pratique) il faudrait corriger cette heure vraie du changement en longitude depuis le midi précédent).

(2) On calcule l'heure approchée de Paris en ajoutant à l'heure du lieu la longitude Ouest
retranchant de . . . . — — — Est.
Cette heure approchée de Paris, sert à faire connaître la date pour Paris à l'observation et à indiquer s'il faut ajouter 12^h à Hm P déduite du chronomètre.

(3) Calculer la marche C pour le nombre de jours écoulés depuis le moment où est donné l'état absolu Tm P, en faire la partie proportionnelle de C pour H approchée Paris.

(4) Ajouter au besoin 12^h, selon l'indication de Hm P approchée.

(5) Faire le calcul de l'en g par les tables de Point.

(6) Correction de la hauteur par les tables Labrosse, Caillet ou Cailler.

(7) Prendre D et E dans la Conn. des Temps pour le midi précédent de Paris, Temps moyen et calculer les variations de ces éléments pour Hm P. — Voir si elles sont additives ou soustractives.

(8) L'heure approchée de Paris correspondante à midi vrai du lieu, sert à déterminer D pour le calcul de latitude méridienne.

(9) Correction de la hauteur méridienne.

(10) Distance zénithale $= 90° -$ H mérid. — Elle prend le nom du pôle auquel on tourne le dos pendant l'observation de la hauteur méridienne:
observation faite face au Sud   Distance zénithale en Nord
                      Nord - - - - - - - - - . Sud

(11) La latitude méridienne $= D +$ dist. zénithale si elles sont de même nom.
$= D -$ dist. zénithale
ou $=$ dist. zénithale $- D$ } si elles sont de noms contraires.
et dans ce cas prend le nom de la plus forte.

(12) Ramener par l'estime la latitude méridienne au moment de l'observation, c'est cette latitude de L qui entre dans le calcul d'angle horaire.

(13) De $\frac{P}{2}$ en degrés passer à P en temps (tables Labrosse, Caillet ou Cailler. Conversion des degrés en temps

(14) Astre à l'Est - Heure vraie du lieu $= 24 - P$
l'Ouest - - - - - - - - - - $= P$

(15) Hm L $=$ Hv L $+$ E.

(16) G est la différence entre Hm L et Hm P au moment de l'observation
Elle est Ouest si Hm P avance sur Hm L
Est si Hm P retarde sur Hm L.

(17) Ramener G ainsi trouvée pour l'heure de l'observation, à midi par l'estime g.

Type général d'un calcul d'angle horaire. (Type V) (III).

.... vers (heure du matin ou soir) par $\begin{cases} Le = \text{.....} \\ Ge = \text{.....} \end{cases}$ on a pris :

... $\odot = \text{.....}$ à heure $G = \text{.....}$ $Tm - G = \text{.....}$ le ..... à 0^h Hm P.

...servation de l'œil $= \text{.....}$ erreur instrumentale $i = \text{.....}$ $C = \text{.....}$

...midi on a observé H inst. mérid $\odot = \text{.....}$ face au S ou N

...er de l'observation à midi on a parcouru ..... milles ..... au ..... du monde.

Déterminer le point observé à midi.

Calcul de l'heure approchée de Paris	Calcul de Hm P.	Calcul de l'estime de .... à midi.

H vraie du lieu $= \text{.....}$ le ...   (3) Le ..... $Tm P - G = \text{.....}$ à 0^h Hm P   (5)

$Ge = \text{.....}$ pour jours ..... $+$ Hm P c $= \text{.....}$ ..... milles $\begin{cases} l = \text{.....} \\ c = \text{.....} \quad g = \text{.....} \end{cases}$

...approchée P $= \text{.....}$ le ... $Tm P - C = \text{.....}$ à observation $Ge = \text{.....}$ à observation

$C = \text{.....}$ $g = \text{.....}$

(4) Hm P $= \text{.....}$ le ..... $Ge = \text{.....}$ à midi

Calcul des éléments D et E pour Hm P.

(6) $\odot = \text{.....}$ (7) le ..... à 0^h Hm P $D = \text{.....}$ N ou S $E = \text{.....}$

$c = \text{.....}$ p.p. pour Hm P $= \text{.....}$ $= \text{.....}$

$\odot = \text{.....}$ à Hm P $D = \text{.....}$ N ou S $E = \text{.....}$

...ection $= + \text{.....}$ d'où $\Delta = \text{.....}$

$= \text{.....}$

Latitude méridienne.

(8) Hr du lieu $= 0^h 00^m 00^s$ le .... à l'observation méridienne

$Ge = \text{.....}$ à midi

..... Colog. Cos L $= \text{.....}$

Colog sin $\Delta = \text{.....}$ H app. P $= \text{.....}$ le ... (Calculer D et me pour cette heure)

(9) H inst. mérid $\odot$ ..... face au

$= \text{.....}$ Log. cos $S = \text{.....}$ $i = \text{.....}$

$= \text{.....}$ Log. sin $S - H = \text{.....}$ H obs $\odot = \text{.....}$

Correction $= + \text{.....}$

$\ell \log \sin \dfrac{P}{2} = \text{.....}$

$\log \sin \dfrac{P}{2} = \text{.....}$ Hr mérid $\odot = \text{.....}$ prise face au S ou N.

(13) $\dfrac{P}{2} = \text{.....}$ (10) dist. zénithale $= \text{.....}$ N ou S

en temps P $= \text{.....}$ $D = \text{.....}$ N ou S

P passe à l'Ouest   (14) Hr L $= \text{.....}$ le ...   (11) Lat. mérid $= \text{.....}$ N ou S

$24^h - P$ à l'Est $E = \text{.....}$ estimée $l = \text{.....}$

(15) Hm L $= \text{.....}$ le .....   (12) à observation L $= \text{.....}$ N ou S pour le calcul.

Hm P $= \text{.....}$ le ...

Point observé à midi Z $\begin{cases} \text{Lat. mérid} = \text{.....} \text{ N ou S} \\ G = \text{.....} \text{ E ou O} \end{cases}$

(16) à observation $G = \text{.....}$ E ou O

$g = \text{.....}$ De l'observation à midi

(17) à midi $G = \text{.....}$ E ou O   Point estimé à midi Ze $\begin{cases} Le = \text{.....} \text{ N ou S} \\ Ge = \text{.....} \text{ E ou O} \end{cases}$

...le type V pour le calcul.

Les tables de Caillet donnent les cologarithmes à côté des logarithmes.

Si l'angle est compris entre 45° et 90° prendre au bas de la page les indications Sin, Cos.........

Ainsi Log. Sin 63° 04' 30" = T ou 9. 950 170.

Le sextant donnant les angles à 10" près, il peut se faire que la valeur de l'arc ne se trouve pas dans la table.

Ainsi nous voulons le log. Sin 26° 50' 20"

Nous trouvons dans la table Log. sin 26° 50' 15"

en   Log. sin. 26° 50' 30"

leur différence est 62 en augmentant pour 15" donc pour 5" environ 21.

Le log. sin 26° 50' 20" est donc T ou 9. 654 642.

Cette même table donne en temps la valeur de l'angle et par suite $\frac{P}{2}$ en temps.

Notre calcul nous ayant donné :

$$\text{Sin} \frac{P}{2} = 9. 654 642.$$

$\frac{P}{2} = 26° 50' 20"$ ou en temps $1^h 47^m 21^s, 3$.

Les tables de Callet, que je préfère pour mon usage personnel, probablement parce que j'ai été habitué à m'en servir à l'École Navale, donnent les logarithmes à 7 décimales et de 10" en 10".

Elles sont donc plus pratiques pour l'usage du sextant il n'y a pas de proportion à établir.

page 486. Log. Cos. 57° 12' 40" = 9. 7336347.

L'angle dépassant 45° prendre de bas en haut.

On ne prend dans le calcul courant que les 5 premières décimales soit 9.73363 ; sauf pour le calcul d'état absolu.

Ces tables ont aussi l'avantage de donner la différence entre les log. de 10" en 10" ; à côté du log. nous voyons en effet 327, et comme les log. Cos. vont en diminuant, le log. Cos. 57° 12' 50" est plus petit de 327 que le log. cos. 57° 12' 40".

Ces différences logarithmiques, sont très employées, comme nous le verrons dans la suite.

Les Tables de Callet ne donnent pas les Colog.

Quand à la conversion des degrés en temps en réciproquement, elle est donnée Tables XXI et XXII.

Une étude de quelques instants suffira d'ailleurs à
bien faire comprendre le mode d'emploi de ces différentes tables Caillet ou Callet.

La latitude employée dans le type V est la latitude
exacte; il s'en suit que dans ce cas, pour obtenir l'heure
moyenne du lieu, on se voit obligé d'attendre midi, moment de la latitude méridienne.

On peut employer un autre procédé.

Faire le calcul d'angle horaire avec la latitude fournie par l'estime au moment de l'observation; on obtient
ainsi une heure moyenne un peu erronée; après avoir
fait la méridienne, on en déduit la latitude exacte qui aurait dû entrer dans le calcul.

M. Louis Pagel a trouvé que l'erreur produite ainsi
sur l'heure moyenne, est proportionnelle à l'erreur commise sur la latitude; et qu'elle se calculait par la formule:

$$p = \frac{2\,d' - d'' + d'''}{\frac{1}{2}\,d} \quad \text{pour} + 1' \text{ erreur en latitude.}$$

Dans cette formule:

d représente la différence logarithmique de Log. sin $\frac{P}{2}$

d' - Log. Cos. L

d'' - Log. cos. S

d''' - Log. sin (S − H).

Donc en prenant les logarithmes du calcul d'angle
horaire on écrira en face de Colog. cos L le double de la différence tabulaire avec le signe + (soit + 2 d'), en face de Log.
Cos. S la différence tabulaire avec le signe − (soit − d''), en

face de Log. sin $(S-H)$ la différence tabulaire avec le signe +
(soit $+ d'''$).

On écrira enfin sans signe la demi-différence tabulaire relative à Log. sin $\frac{P}{2}$ (soit $\frac{d}{2}$).

Faire la somme algébrique des trois premiers nombres $(2 d' - d'' + d''')$ et la diviser par $\frac{d}{2}$.

Le quotient pris avec son signe si l'on a observé dans l'Ouest, avec le signe contraire si l'astre est dans l'Est, exprime (en secondes de temps et dixièmes de secondes) la variation éprouvée par l'heure moyenne du lieu lorsque la latitude s'accroît de 1'.

Nous ne nous servirons pas du signe du quotient pour voir dans quel sens doit être faite la correction à l'heure moyenne: ce seront les droites de hauteur dont nous allons donner une très courte explication qui nous l'indiqueront toujours et sans erreur possible.

Le signe du quotient ne servira qu'à faire trouver par les Tables de Labrosse, en se servant de la correction Pagel, l'azimut vrai du Soleil au moment de l'observation, ce qui permettra d'obtenir la variation du compas pour le cap suivi à cet instant.

J'ai tenu à indiquer le moyen de calculer p (correction Pagel) par les différences logarithmiques.

Avant de se servir des Tables diverses servant à abréger les calculs nautiques, je ne saurais trop recommander de les exécuter complètement par les méthodes que j'indique; quand tous ces différents calculs seront bien compris on pourra se servir alors et très utilement de ces différentes tables abréviatrices et en particulier de celles de Labrosse que je recommande tout spécialement.

La correction Pagel p est donnée sans calcul dans la table 10 (Tome deuxième).

Calcul de p par la table 10 Labrosse. Livre II.

Chercher d'abord la page contenant la latitude la plus approchée de celle dont on s'est servi dans le calcul, prendre dans la colonne verticale, de gauche Δ distance polaire telle qu'elle a été calculée pour l'observation au degré près, et dans la colonne horizontale intitulée hauteur vraie la hauteur corrigée de l'observation.

Faire cadrer et l'on obtient la correction Pagel en secondes de temps avec son signe; bien faire attention que le signe du haut de la colonne change parfois dans cette même colonne.

On trouvera au reste toutes ces explications bien mieux énoncées dans les tables de Labrosse.

Avec la correction Pagel ainsi obtenue soit par les différences logarithmiques, soit par les tables de Labrosse, on trouve l'azimut vrai du Soleil au moment de l'observation.

Table 11 (pages 100 et 101. Tome deuxième Labrosse).

Arguments $\begin{cases} \text{Colonne verticale .... Correction Pagel.} \\ \text{Colonne horizontale ... Latitude.} \end{cases}$

On trouve l'azimut en se conformant aux indications données dans le haut de la page.

Exemple:

Correction Pagel.
par les différences logarithmiques (Callet et Caillet)
et les Tables de Labrosse.

$$
\begin{array}{lll}
\text{H}_v\odot = 35°\,15'\,30'' & & \\
\text{Le} = 23°\,45'\,00'' & \text{Colog.cos.L} = 0,03843 \quad d'+93.2\,d'+186 & = 0,038431\,d'+14.2\,d'+28 \\
\Delta = 79°\,28'\,30'' & \text{colog.sin}\,\Delta = 0,00757 & = 0,007369 \\
\hline
2S = 138°\,29'\,00'' & & \\
S = 69°\,14'\,30'' & \text{Log. cos. S} = 9.54953 \quad d''-556 & = \bar{1},549527 \quad d''-83 \\
S-H = 63°\,59'\,00'' & \text{log.sin}(S-H = 9.747741 \quad d'''+313 & = \bar{1},342701 \quad d''+47 \\
\hline
& 2\log.\sin\frac{P}{2} = 19.34274 \qquad S = -57 & \bar{1},342701 \quad S = -8 \\
& \log.\sin\frac{P}{2} = 9,67137 \cdot d\,396\,\frac{d}{2} = 198 & \bar{1},671350 \cdot d\cdot 60\frac{d}{2}=30
\end{array}
$$

Correction Pagel $\dfrac{2\,d' - d'' + d'''}{\frac{d}{2}}$

$$= \frac{186 - 556 + 313}{198} = \frac{-57}{198} \qquad \Big| \qquad = \frac{+28 - 83 + 47}{30} = \frac{-8}{30}$$

$$= 0^{s},29 \qquad\qquad\qquad \Big| \qquad = -0^{s}.27.$$

L'observation ayant été faite vers 8 h 15 du matin, changer de signe au quotient, d'où :

$\qquad$ p = + 0^{s} 28 environ (pour la correction de l'heure moyenne).

$\qquad$ Calculons maintenant cette même correction p. par les tables de Labrosse.

$\qquad$ La latitude employée en 23°45'.

$\qquad$ Nous trouvons pages 42 et 43 latitudes de 22 à 24° la distance polaire en 79°28', soit 79° — hauteur vraie 35°15'.

$\qquad$ La table donne pour $\Delta = 79°$ Hv = 34° p = $-0^{s}.2$.

et pour $\Delta = 80°$ $\quad$ Hv = 38° $\quad$ p = $-0°.4$.

$\qquad$ 79°29 et 35°15' sont respectivement compris entre 79 et 80 pour Δ et 34 et 38° pour Hv. Donc p est à peu près la moyenne entre :

$$- 0^{s} 2 \quad \text{et} \quad 0^{s} 4'$$

$$= - 0^{s} 3.$$

$\qquad$ En se conformant à l'indication du haut de la page le matin changer le signe.

$\qquad$ Donc p = + $0^{s}.3$ (pour les corrections de l'heure moyenne).

Azimut vrai. $\qquad$ Nous servant de cette correction Pagel p = $0^{s}.3$ avec le signe de la table 10 ou le signe du quotient prenons-la comme argument vertical (pages 100 et 101) (dans cet exemple page 100) et 35° latitude comme argument horizontal ; on trouve en faisant cadrer 86.4' c'est l'azimut vrai du Soleil.

$\qquad$ p ayant le signe — on doit compter cet azimut à partir du pôle abaissé (ici le Sud), vers l'Est ou vers l'Ouest (Est pour ce cas. observation avant midi).

Donc azimut vrai du Soleil = S. 86° E.

Quand on se sera servi deux fois de ces différentes tables, il n'y aura plus d'erreur possible.

On connaît du reste toujours à peu près l'azimut vrai du Soleil par le moment de l'observation.

Je crois donc inutile d'insister plus longuement sur ces tables si pratiques et si utiles dans la navigation.

Nous avons calculé dans l'exemple précédent la correction Pagel par les deux tables de logarithmes Caillet et Caillet.

Le résultat obtenu est sensiblement le même. Mais il faut remarquer qu'il n'y a que 6 décimales dans Caillet au lieu de 7 dans Caillet, et que les différences logarithmiques représentent une différence d'arc de 15" au lieu de 10" Caillet.

Ainsi pour 2ᵈ nous trouvons dans Caillet = 28

ou en supposant 7 décimales = 280

tandis que dans Caillet on a = 186.

Mais 280 Caillet est donné pour une différence de 15" le ⅓ en moins (soit 280 − 93 = 187) représente donc bien comme dans Caillet la différence logarithmique pour 10".

Appelons λ ou ΔL l'erreur commise sur la latitude p étant exprimé en secondes de temps, le produit $\lambda \times p$ ou $\Delta L \times p$ sera également en secondes de temps, la correction à faire à l'heure moyenne fournie par le calcul.

Les droites de hauteur indiqueront dans quel sens on doit effectuer cette correction.

λ doit être exprimé en minutes et dixièmes de degrés.

Les tables de Perrin peuvent également servir à obtenir la correction Pagel et l'azimut ; je les trouve beaucoup plus compliquées que celles de Labrosse, aussi je ne le cite que pour mémoire.

Les yachtmen qui voudront s'en servir y trouveront toutes les explications nécessaires.

———

Chapitre XII.

Cercle et droite de hauteur.

Je vais donner maintenant une explication très sommaire de ce que l'on appelle le cercle de hauteur et la droite de hauteur, sans entrer dans des considérations théoriques qui

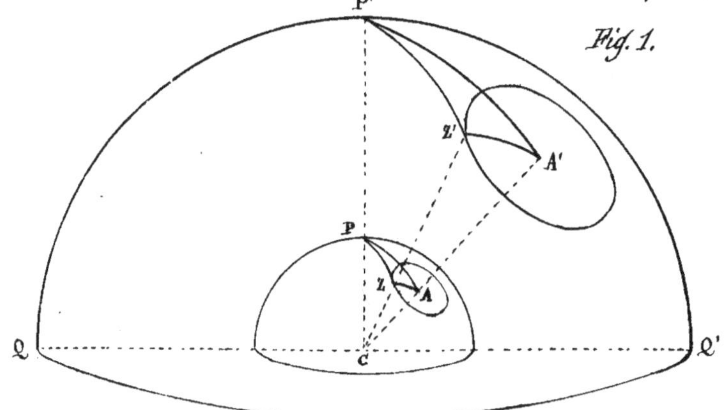

n'ont pas leur place dans ce traité très-élémentaire.

Soit C le centre de la Terre et de la sphère céleste (fig. 1) Z un point quelconque de la Terre ayant pour zénith Z' et A' un astre.

La droite qui joint A' au centre de la Terre coupe celle-ci en un point A qui est la projection de l'astre sur le globe terrestre.

Les deux sphères ayant le même centre, les deux triangles sphériques P'Z'A' et PZA sont semblables.

Z'A' est la distance zénithale de l'astre A' pour un observateur situé au lieu Z.

Du point A', avec Z'A' comme rayon, décrivons sur la sphère celeste un petit cercle.

Tous les lieux dont les zéniths tombent sur ce petit cercle ont à ce moment même distance zénithale, et ces lieux sont situés sur un petit cercle de la sphère terrestre, décrit de A (projection de l'astre) comme centre avec ZA comme rayon.

C'est ce petit cercle terrestre que l'on appelle cercle de hauteur.

Donc quand un observateur prend la hauteur d'un astre, il peut se trouver à un point quelconque de ce petit cercle.

Dans le triangle de position PZA ou P'Z'A' on connaît exactement P'A' distance polaire et Z'A' distance zénithale.

Quant à P'Z' colatitude du lieu, on ne peut l'obtenir que par l'estime ; elle est donc erronée.

Il s'en suit que, dans le calcul d'angle-horaire la latitude étant erronée on ne peut obtenir le point exact Z, mais un point assez voisin Z_1 ou Z_2 situé forcément sur le petit cercle d'un côté ou de l'autre du point Z. (fig. 2).

L'erreur de la latitude étant en général peu considérable les points Z_1 ou Z_2 sont donc très-rapprochés de Z.

La partie du cercle de hauteur contenant les trois points peut donc être considérée, sans erreur appréciable pour une petite distance, comme une droite tangente en Z au cercle de hauteur.

Cette droite s'appelle droite de hauteur.

Le petit cercle étant décrit

de A comme centre avec Z A comme rayon, il s'en suit qu'une tangente en Z est perpendiculaire à Z A.

Or Z A étant le vertical de l'astre représente sa direction azimutale.

La droite de hauteur est donc perpendiculaire au relèvement vrai ou azimut de l'astre.

Si donc on connaît un point de la droite de hauteur et que par un moyen quelconque, on calcule l'azimut à ce moment, on pourra tracer la droite de hauteur; d'un autre côté les angles étant conservés, sur les cartes marines pour effectuer ce tracé, il suffira par le point déterminé de la droite de mener une perpendiculaire à la direction azimutale.

Ce point à déterminer s'appelle point déterminatif.

On l'obtient par des calculs différents selon que l'on veut avoir (fig. 3) :

1° Le point Z'_1 où le parallèle estimé rencontre le cercle de hauteur.

2° Le point Z'_2 où le vertical estimé rencontre le cercle de hauteur.

3° Le point Z'_3 où le méridien estimé rencontre le cercle de hauteur.

Si donc à un moment donné on peut connaître Z'_1 ou Z'_2 ou Z'_3 on pourra tracer par ce point la droite de hauteur qui deviendra le lieu géométrique des seules positions que peut occuper le navire au moment de l'observation.

Transport d'une droite de hauteur.

Soit $Z'_1 \, Z'_2 \, Z'_3$ cette droite; si le navire se déplace suivant la direction RV, au bout d'un temps quelconque, et quel que soit le point de départ sur $Z'_1 \, Z'_2 \, Z'_3$, il se trouve sur une parallèle à cette droite.

Si à un moment donné il arrive au point I, il est sur une droite H I H' parallèle à la première et qui devient le nouveau lieu géométrique des seules positions que peut occuper le navire après avoir fait la route KI sauf l'erreur provenant de l'estime de cette route.

Si l'on peut à ce moment déterminer une nouvelle droite de hauteur, l'intersection des deux droites donnera la position du navire.

Voyons maintenant l'application du calcul d'angle horaire à la détermination d'une droite de hauteur.

Je ne m'occuperai que du point déterminatif z'_1 où le parallèle estimé rencontre la droite de hauteur.

La méthode Marq de St Hilaire, dite point rapproché, où le vertical estimé rencontre la droite de hauteur nécessitant l'emploi de nouvelles formules, je ne m'en occuperai pas; elle est très employée actuellement; mais ce que je donne dans cette courte étude est déjà bien suffisant pour la navigation ordinaire des yachtmen, et c'est à eux seuls qu'elle est destinée.

<table><tr><td>Application.</td><td>Calcul de l'heure moyenne d'un lieu par une hauteur de Soleil et la latitude estimée. Rectification du point par le Pagel et la droite de hauteur.</td></tr></table>

Au lieu d'attendre midi pour avoir la latitude exacte calculons l'angle horaire en nous servant de la latitude estimée au moment de l'observation.

Soit Le ou L, cette latitude.

On en déduit l'heure moyenne approchée du lieu d'où une longitude approchée G_1 qui met le navire à un point z_1 ayant pour coordonnées L et G_1.

Ce point Z_1 est le point déterminatif (où le parallèle estimé rencontre le cercle de hauteur).

Par la correction Pagel et la table de Labrosse, nous avons obtenu l'azimut vrai, ou relèvement vrai Z, A de l'astre à l'observation.

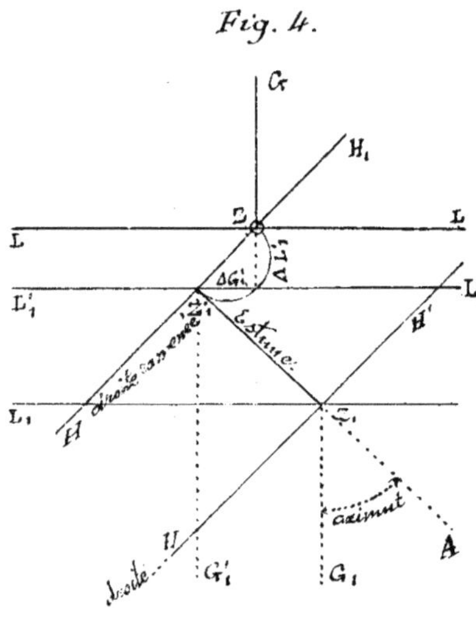

Menons par le point Z_1 la droite de hauteur $H H'$ perpendiculairement à Z, A. (fig. 4). $H H'$ est le lieu géométrique des positions du navire au moment de l'observation.

Transportons la droite à midi par l'estime de l'observation à midi.

Nous obtenons le point Z'_1 qui a pour coordonnées L'_1 et G'_1 $\quad L'_1 = L_1 + l \quad G'_1 = G_1 + g$

Par le point Z'_1 menons la droite de hauteur $H_1 H'_1$ correspondante à l'observation: c'est la droite ramenée à midi.

La hauteur méridienne prise à ce moment nous donne la latitude méridienne qui est elle même une droite de hauteur (Lat. mérid. $L L$).

L'intersection de ces deux droites est le point exact à midi Z.

L'erreur commise sur la latitude est $L'_1 - L = \Delta L'_1$ exprimée en minutes et dixièmes de minutes de degrés.

p étant la variation de l'heure moyenne pour une erreur de $1'$ sur la latitude, l'erreur commise sur G'_1 ou $\Delta G'_1$ est égal à $p \times \Delta L'_1$, en secondes de temps.

La position du point Z par rapport à Z'_1 indique le sens de la correction.

Z à droite de Z'_i indique si la longitude est Ouest que G'_i est trop forte de ΔG_i ; donc il faut retrancher la correction.

Z à droite de Z'_i pour une longitude Est indique que la correction est à ajouter, et inversement pour Z à gauche de Z'_i.

Tracé rapide. En pratique tracer deux droites parallèles représentant L et L'_i (fig. 5).

Tracer à vue la droite de hauteur par le point Z'_i ; nous supposons ici une observation faite dans l'Ouest, le Soleil vers le S. O. à peu près.

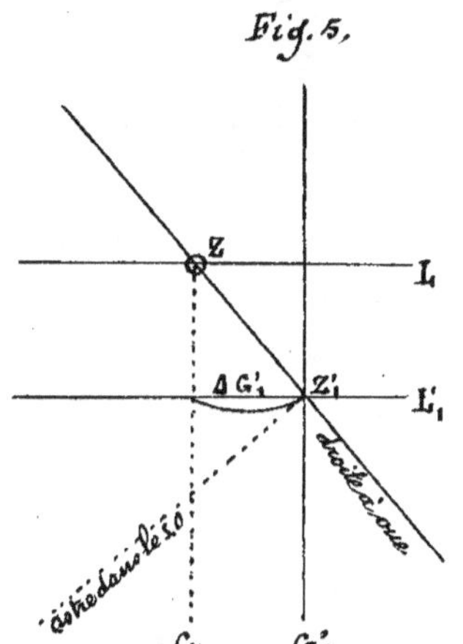

Si G'_i est la longitude donnée par le calcul, on se rend compte immédiatement que G est droite.

Donc ajouter ΔG_i aux longitudes Ouest.

et retrancher ΔG_i des longitudes Est.

Nous supposons ici L_i plus faible que L ; il s'agit de latitude Nord.

Voir les détails du calcul au Type VI (15).

Point observé pour deux hauteurs.
Méthode de Lalande.
Type VII. (16).

Il arrive souvent dans le cours d'une traversée qu'après avoir fait le calcul d'angle horaire le matin, il soit impossible de déterminer la latitude, soit par la méridienne, soit même par des circumméridiennes ; ce qui revient à dire que l'on ne peut observer le Soleil à midi ou dans la limite des circumméridiennes.

On est obligé dans ce cas pour obtenir le point observé, d'employer la méthode suivante, intitulée point par 2 hauteurs.

Le calcul du matin terminé, n'ayant pu prendre ni méridienne, ni circumméridienne, on observe de nouveau dans l'après-midi le Soleil.

Avec cette nouvelle hauteur et l' h m P calculée pour cette seconde observation, on déduit une nouvelle longitude. (La latitude employée dans le second calcul, est aussi la latitude estimée au moment de l'observation : elle ne diffère donc de la première que du chemin parcouru estimé pendant l'intervalle).

Désignons par L_1 G_1, la latitude employée dans le premier calcul, et la longitude correspondante; et par L_2 G_2 ces mêmes coordonnées au moment de la seconde observation.

La latitude employée dans le second calcul L_2 est :

$$L_2 = L_1 + \text{changement en latitude par l'estime}.$$

c'est donc la latitude de la première observation ramenée à la seconde ou $L_2 = L'_1$.

G_1 et G_2 sont exprimés en temps.

Ajoutons à G_1 le changement g en longitude résultant de l'estime dans l'intervalle des deux observations.

La nouvelle longitude G'_1 ainsi obtenue est celle G_1 du premier calcul ramenée à la seconde observation.

$$G'_1 = G_1 + g.$$

Faire la différence $G_2 - G'_1$ ou $G'_1 - G_2$ selon que G_2 est plus grande ou plus petite que G'_1.

Pour chaque angle horaire, on a obtenu p soit par le calcul, soit par les tables de Labrosse.

p'_1 pour la première observation,
p'_2 pour la seconde observation.

<table>
<tr><td>Correction de la latitude de
λ ou ΔL_2.</td><td>La correction ΔL_2 à faire à la seconde latitude L_2 est égale à la différence des longitudes exprimées en temps (secondes et dixièmes) divisée par $p'_1 \pm p'_2$.</td></tr>
</table>

Le quotient donne des minutes et dixièmes de minutes de degré.

Les droites de hauteur indiqueront par leur intersection, si l'on doit prendre $p'_1 + p'_2$ ou $p'_1 - p'_2$.

Correction de la deuxième longitude ΔG_2.

La correction de la seconde longitude ΔG_2 est égale à $d \times p'_2$ (ce qui donne des secondes de temps). Le sens de la correction nous sera également indiqué par les droites de hauteur.

Nous avons donc obtenu la latitude et la longitude exacte au moment de la 2ᵉ observation.

Les ramener par l'estime à midi et l'on a L et G point observé à midi.

Sens des corrections.

Le relèvement à vue du Soleil à la 1ʳᵉ observation est S. 54 E.
à la 2ᵉ observation est S. 29 O.

Traçons le parallèle de latitude employée L_2 à la deuxième observation, et portons sur le parallèle le point Z'_1 (1ʳᵉ longitude ramenée). $L'_1 = L_2$.

Le deuxième calcul a donné un point Z_2 ayant pour coordonnées L_2 et G_2.

Plaçons sur L_2 le point Z_2 à droite ou à gauche de Z_1 selon qu'il est plus Est ou plus Ouest.

1ᵉʳ cas.
Z_2 à gauche de Z'_1 le point Z tombant entre les méridiens G_2 et G'_1. (Fig. 6).

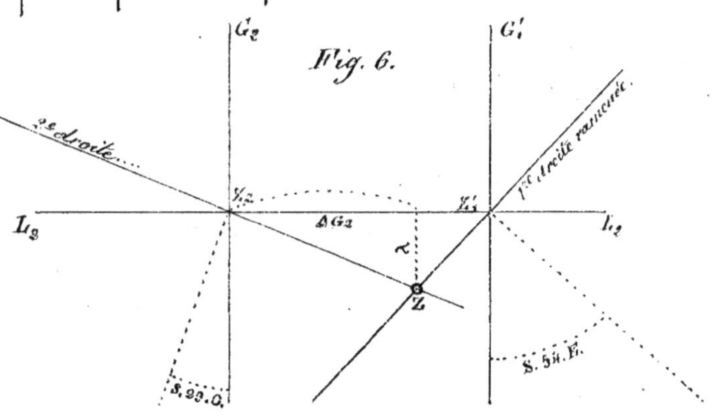

Menons par Z'_1 et Z_2 les droites de hauteur relatives pour Z'_1 à la 1ʳᵉ observation, et pour Z_2 à la seconde. Elles se coupent en Z.

2ᵉ cas.

Z₂ à droite de Z₁ et Z tombant entre les méridiens G₂ à G₁.

(fig. 7).

2ᵉ cas.

Z₂ à droite ou à gauche de Z₁ mais Z tombant en dehors des méridiens.

(fig. 8).

Correction à faire à la latitude de la 2ᵉ observation.

Corrections à faire à la 2ᵉ longitude = à p'₂.

Lorsque l'intersection des deux droites de hauteur (fig. 6 a) tombe entre les méridiens G₁ et G₂, on divise la différence des longitudes par la somme des corrections Pagel prises sans signes, et l'on obtient Δ ou Δ L₂ en minutes et dixièmes de degré.

Lorsque l'intersection des deux droites de hauteur tombe en dehors des méridiens (fig. 8) on divise la différence des longitudes par la différence des corrections Pagel, prise sans signes.

La position du point Z par rapport au point Z₁ indique si les corrections de longitude ou de latitude sont à ajouter ou retrancher.

Représentation graphique du calcul sur la carte.

———

Voir à l'annexe du Type VII (16).

Ce procédé ne peut être employé utilement que sur les cartes à grands-points (Cartes générales).

Nota. J'ai supposé pour montrer l'utilité de ce calcul l'impossibilité d'avoir la latitude méridienne.

Il n'est pas nécessaire d'attendre l'après-midi, pour la 2ᵉ observation; on peut prendre les deux hauteurs le matin à un intervalle suffisant ou le soir.

On obtient ainsi en avant-midi le point observé. On peut rectifier la latitude ainsi calculée par l'observation de la méridienne; si toutefois il y a une erreur appréciable dans les différents résultats.

———

Chapitre XIII.

———

Déterminer à la mer la variation.

———

Différents procédés.

———

Nous avons vu au chapitre IV comment, se trouvant sur une rade, on pouvait obtenir la variation du compas (Déclinaison du lieu et déviation).

Mais le navire se déplaçant, la variation change également; il faut donc la déterminer très-souvent.

Un yacht partant du Hâvre pour se rendre aux Antilles

passe par des déclinaisons comprises entre 18° N.O. et 5° N.E.

Le procédé général consiste à prendre au compas le relèvement de l'astre, et à déterminer pour le même moment son azimut vrai.

L'azimut vrai (chap. II) se compte du pôle élevé (Nord pour nos régions) de 0 à 180° en passant par l'Est ou par l'Ouest selon que l'astre est dans l'Est ou dans l'Ouest.

Le relèvement au compas se compte de 0 à 90° à partir soit du Nord, soit du Sud et vers l'Est ou vers l'Ouest.

Règle générale. — Ramener le relèvement au compas au pôle de l'azimut vrai, la variation est la différence si les deux azimuts sont Est ou Ouest, leur somme si l'un est Est et l'autre Ouest.

Si cette somme est plus grande que 180° la retrancher de 360° pour avoir la variation.

La variation est NO ou NE suivant que le Nord du compas tombe à gauche ou à droite du Nord vrai.

Pour s'en rendre compte très simplement se supposer au centre de la rose, face à l'objet relevé, puis porter à partir de cet objet les deux relèvements au compas et vrai, et suivre la règle indiquée.

La variation ainsi obtenue ne peut servir qu'au cap suivi par le navire lors du relèvement.

4 exemples :

Nous supposerons toujours le pôle Nord élevé.

1º   Cap au . . . .

   Relèvement au compas . . . . . . S. 75 E.

   Azimut vrai . . . . N. 95 E.

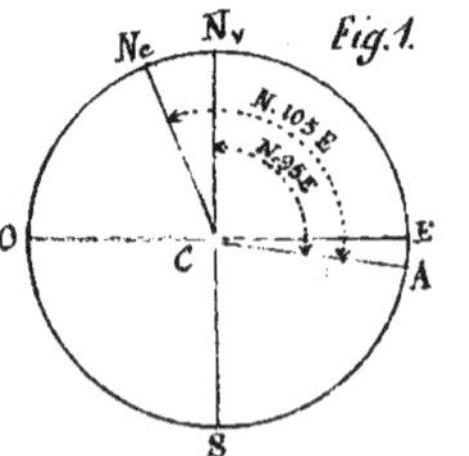

Le S. 75 E ramené au pôle de l'azimut vrai donne N. 105 E.

Soit CA la direction de l'astre (fig. 1).

Nv CA = N 95 E azimut vrai.

Nc CA = N 105 E relèvement au compas.

Le Nord du compas tombe à gauche (Nc à

gauche de Nv) du Nord vrai, donc la variation est N.O.
Variation = 10° N.O. Cap au ………

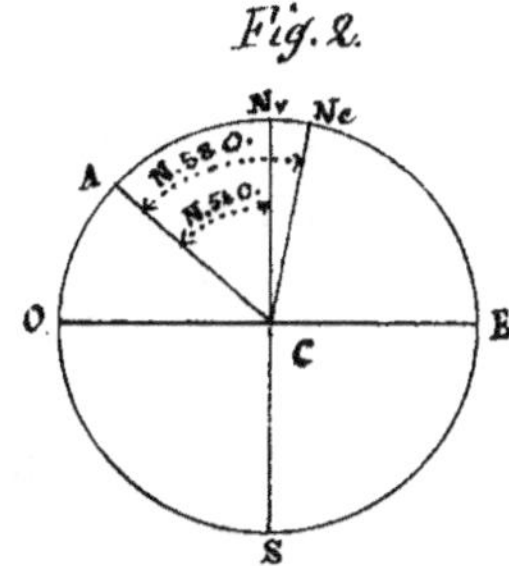

2ᵉ Azimut vrai = N.54 O.
Relèvement au compas = N.58 O.
Différence = 4° (fig.2).

Nv CA = N 54 O. azimut vrai
Nc CA = N.58 O. compas
Nc à droite de Nv, donc:
Variation = 4° N.E. Cap au ………

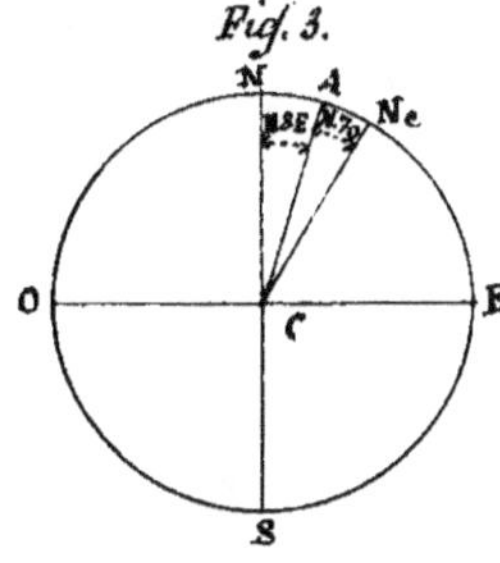

3ᵉ Azimut vrai = N.8 E.
Relèvement au compas = N.7 O.
Somme = 15 (fig.3).

Nv CA = N.8° E. azimut vrai
Nc CA = N.7 O. compas
Nc à droite de Nv, donc:
Variation = 15° N.E. Cap au ………

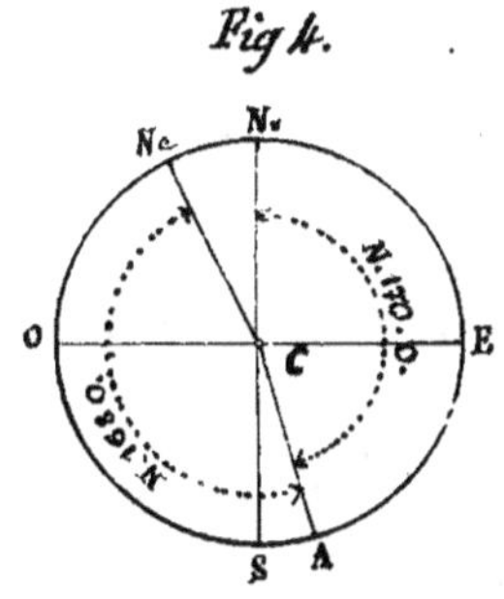

4ᵉ Azimut vrai = N.170 O
Relèvement au compas = S.12 .O (fig.4)
S.12 O. ramenée au pôle Nord donne N.168 O.
La somme (170 + 168) = 338 est plus grande
180°, la retrancher de 360.

360° − 338° = 22°

Nv CA = N.170 E. azimut vrai
Nc CA = N.168 O. compas
Nc à gauche de Nv donc:

Variation = 22° N.O. Cap au ………
Nous allons maintenant indiquer les différents moyens
employés pour déterminer l'azimut vrai.

Par une hauteur du Soleil et le calcul.

Prendre au compas, aussitôt l'observation terminée, le relèvement aussi exact que possible, du centre du Soleil.

Cette opération demande beaucoup de précautions : certains compas ont une pinule spéciale et des verres colorés ; Quand la mer est houleuse, le compas joue de plusieurs degrés ; on prend alors à peu près la moyenne des embardées de la rose.

Le calcul d'angle horaire étant terminé on obtient Z azimut vrai par la formule :

$$\cos \frac{Z}{2} = \sqrt{\frac{\cos S \, \cos (S - \Delta)}{\cos L \, \cos H}}$$

ce qui donne :

$$2 \log \cos \frac{Z}{2} = \text{Colog} \cos H + \text{Colog} \cos L + \log \cos S + \log \cos (S - \Delta).$$

Par le calcul d'angle horaire on a déjà :

$$\text{Colog} \cos L \text{ et } \log \cos S.$$

Il reste donc à prendre $\text{Colog} \cos H$ et $\log \cos (S - \Delta)$

Si S est plus petit que Δ, prendre $(\Delta - S)$.

Faire la somme des logarithmes et cologarithmes. La diviser par 2, et chercher dans les tables le nombre de degrés correspondant à $\log \cos \frac{Z}{2}$.

On obtient $\frac{Z}{2}$ et Z en donnant à Z la dénomination qui lui convient.

En le comparant au relèvement au compas, on obtient la variation.

Prendre les logarithmes à 4 décimales. Type IX (18)

Si l'on n'a pas fait précédemment le calcul d'angle horaire, on observe une hauteur Θ, on la corrige en ajoutant simplement 10'.

Faire le point estimé pour le moment de l'observation, ce qui donne Le et Ge.

Avec l'heure du bord et Ge déduire l'heure approchée de Paris, prendre à vue D dans la Conn. des Temps ; inutile de chercher des parties proportionnelles très-exactes, la minute suffit; on en déduit Δ, et on fait le calcul comme il vient d'être indiqué.

Deuxième méthode.

Par les Tables de Labrosse et la hauteur.
Tables 10 et 11 Livre deuxième. Type IX (19)

Calculer ainsi qu'il a été expliqué au chapitre (Correction Pagel. Tables de Labrosse) la correction Pagel.

Prenons l'exemple donné dans le type

$$H_v = 27°39' \quad L = 8°15' \quad \Delta = 90°31'$$

Nous trouvons page 28 . Table 10.

$$p = -\,0,4$$

et table 11 page 100 avec $p = 0,4$ et $L = 10°$, azimut vrai = 84.30. p ayant le signe — (suivre les indications du haut de la page l'azimut doit être compté du pôle abaissé.

$$\text{donc azimut vrai} = S.\ 84°30'\ E.$$
$$\text{relèvement au compas} = S.\ 80\quad E.$$
$$\text{variation} = 4°30'\ N.O.$$

Elle est N.O. parce que S_c à gauche de S_v, ou en comptant les azimuts du point Nord, N_c à gauche de N_v.

Troisième méthode.

Par l'heure vraie du bord et les tables d'azimut de Labrosse.
(Livre premier)
Extrait des Tables de Labrosse. Type IX (20).

Ces tables d'azimut indiquent à un quart de degré près environ l'azimut ou relèvement vrai du Soleil, correspondant à une heure vraie quelconque.

A la mer l'heure vraie est indiquée à une minute près par la montre d'habitacle pourvu qu'on ait soin:

1° de faire marquer midi à la montre, chaque jour à l'instant du passage du Soleil au méridien (Latitude méridienne).

2° d'ajouter à l'heure que la montre indique à l'instant considéré, ou d'en retrancher autant de fois H minutes que le navire a parcouru de degrés de longitude à l'Est ou à l'Ouest, suivant l'estime et depuis le dernier midi vrai.

Les éléments nécessaires pour l'usage de ces tables sont la distance polaire du Soleil Δ, la latitude et l'heure vraie.

Appliquons cette méthode au type.

Heure vraie $7^h 50$ — $L = 8°13'$ $\Delta = 90°31'$.

Nous trouvons page 18 pour $\Delta = 91$, les heures $7^h 20$ et $8^h 04$; qui donnent respectivement comme azimuts N 94 E et N. 96 E. $7^h 50$ étant compris entre $7^h 20$ et $8^h 04$. On prend comme azimut N. 95 E. (même résultat que par les deux premières méthodes).

Si l'on observe l'après-midi, vers 3^h par exemple, il faut alors prendre le complément à 12^h de 3^h, c'est-à-dire entrer dans la Table avec 9^h.

On comprend facilement que le Soleil 3^h avant ou 3^h après son passage au méridien a le même azimut; il change simplement de dénomination Est ou Ouest.

Exemple: Latitude Sud 21°. $\Delta = 89°$.
On demande l'azimut vers $7^h 30$ du matin
et vers $4^h 30$ du soir.

page 44. le matin $Zv = S . 98 E.$
et pour le soir: $(12^h - 4^h 30) = 7^h 30$.
donc même azimut mais Ouest.

$$Zv = S . 98 \; O\frac{t}{}.$$

Ces tables de Labrosse donnent également les azimuts de la Lune, et de tous les astres planètes ou étoiles, dont la déclinaison est comprise entre 30° Sud et 30° Nord, et pour des latitudes variant de 61° S. à 61° N.

Pour ce calcul, en ne m'occupant que du Soleil, je renvoie aux explications des Tables.

Quatrième méthode.	**Par les Tables de Perrin.** (Voir ces tables.
Cinquième méthode.	**Variation par le lever ou le coucher vrai du Soleil.**

La définition de l'amplitude a été donnée au chapitre II.

Les tables XXXVII Caillet en XXIV Caillet donnent l'amplitude vraie d'un astre à son lever ou à son coucher.

Au moment du lever ou du coucher vrai du centre du Soleil, le bord inférieur de cet astre paraît élevé des deux tiers de son diamètre apparent au-dessus de l'horizon visible ; il faut donc attendre cet instant pour le relever au compas ce qui donne l'azimut au compas du Soleil à son lever ou à son coucher.

Pour avoir l'amplitude vraie, faire cadrer dans les tables, déclinaison de l'astre en latitude.

L'amplitude porte toujours le nom de la déclinaison.

Exemple :

On demande l'amplitude du Soleil par une latitude de 42°, la déclinaison étant 16° N.

Amplitude au lever = E 22° N.

coucher = O. 22° N.

Si l'on a relevé le Soleil au compas au N. 52 E, on en déduit

variation = 16° NE.

En effet, amplitude vraie = E. 22 N correspond à

azimut vrai = N. 68 E.
azimut compas = N. 52 E
variation = 16° N E.

Ne à droite de N.

Sixième
méthode.

Type IX (21)

Variation par la Polaire.

Fig. 5.

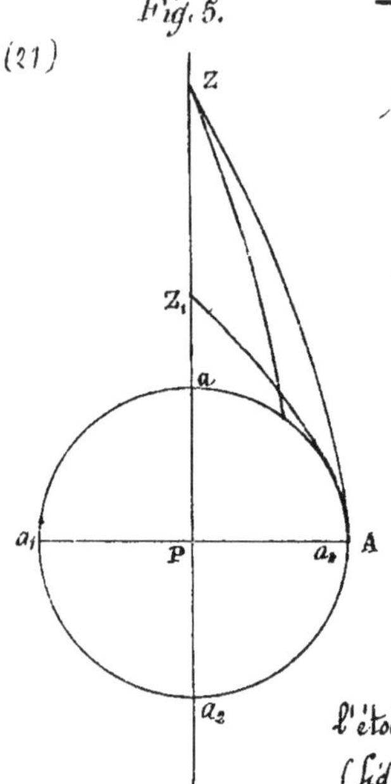

Le relèvement de l'étoile Polaire permet
d'obtenir directement la variation, sauf
une petite erreur provenant de son azimut.

Lorsque l'étoile passe au méridien
supérieur en a_2, l'azimut est nul; à ce
moment le relèvement donne exactement
la variation en changeant E en O et
réciproquement.

Exemple:

On relève l'Étoile polaire au N 17 E.

Variation = N. 17 O.

= 17° O.

Mais dans toute autre position de
l'étoile, on est obligé de calculer l'azimut PZA.
(fig. 5).

La plus grande valeur de PZA a lieu lorsque le vertical ZA de l'étoile est tangent au
parallèle en a_1 et a_3.

D'un autre côté ce maximum de PZA croît avec la latitude.

Soit Z et Z₁ deux azimuts.

PZ et PZ₁ pour les colatitudes.

L'azimut PZ₁A est plus grand que PZA. Ces azimuts
de la Polaire, sont donnés dans la connaissance des Temps pour
les latitudes de 10 à 65°; pour 65° l'azimut maximum est de 2°30'.

Pour trouver cet azimut, prendre le temps vrai de Paris
au moment de l'observation; c'est-à-dire :

Heure vraie du bord ± Longitude.

Entrer dans la table 1 (p. 644 Conn. du temps) avec la date la
plus rapprochée de T.V., on obtient a (Voir latitude par la Polaire.
Type IV (13).

127

Faire la somme de α et du temps vrai, du lieu ce qui donne
S angle horaire.

Si S plus grand que 24^h retrancher 24^h.

Table des azimuts de la Polaire ($p.\ 648$ ...... C. des T.).

Faire entrer S (colonne horizontale) L (colonne verticale) et
l'on trouve l'azimut qui se compte du :

N à O si S est compris entre 0^h et 12^h.

N à E si S est compris entre 12^h et 24^h.

Exemple :

Azimut vrai $=$ N. $2°$ O.

Relèvement au compas $=$ N. $17°$ E.

Variation $=$ N. $19°$ O.

Chapitre XIV.

Déterminer l'heure moyenne d'un lieu par une hauteur d'étoile, connaissant la Latitude.

Tout astre peut servir à déterminer l'heure moyenne d'un lieu, pourvu que l'on connaisse les éléments de cet astre, c'est à dire sa déclinaison et son ascension droite.

La connaissance des Temps donne les éléments de la Lune, des planètes et de 382 Étoiles (pages 376 à 491).

La première condition est d'être bien certain du nom de l'étoile observée : (on n'emploie généralement pour le calcul que des Étoiles de première grandeur) et je suppose cette condition remplie : on y arrive très facilement du moins pour les princi-.pales.

Faire le point estimé au moment de l'observation, corriger la hauteur, et prendre dans la Conn. des Temps, l'ascension droite et la déclinaison de l'Étoile.

Si l'on observe une planète, on calcule Aa et D pour l'heu-.re TmP donnée par le Chronomètre.

Il est inutile de le faire pour une étoile, ces éléments étant pour ainsi dire invariables les prendre pour la date la plus rapprochée du moment de l'observation.

De D on déduit Δ comme pour le soleil.

$$\Delta = 90° \pm D \quad \begin{cases} L \text{ et } D \text{ noms contraires, } N \text{ ou } S \\ L \text{ et } D \text{ mêmes noms, } \quad N \text{ ou } S \end{cases}$$

Faire le calcul d'angle horaire avec $H\,L\,\Delta$ comme pour le soleil.

129

On obtient PA angle au pôle du triangle de position zPA.

L'angle horaire ha sera égal à Pa (observation dans l'ouest.)
              ou a 24^h - Pa (............ l'Est.)
Ajouter à ha l'ascension droite ARa de l'Étoile,
  ce qui donne ha + ARa = hs. heure sidérale.
        or hs = hm + ARm (heure moyenne + AR du soleil moyen)
        donc   hm = hs - ARm.

Calculer ARm pour Hmp donné par le chronomètre.
ARm est donnée dans la Conn. des Temps pour midi moyen
de Paris sous le nom de Temps sidéral.

Retrancher ARm de hs en ajoutant ou retranchant 24^h
pour que le résultat soit toujours positif et moindre que 24^h,
et l'on obtient hm du lieu.

      ARm à midi moyen de Paris = ...
      p.p pour HmP   = ± ....
      ____
      ARm à HmP   = ...
  Le Da = ... ARa = ...
      Δ = ...
      Calcul de l'angle Pa
      Pa = ...
  d'où ha = ... Pa ou 24^h - Pa
      ARa = ...
  ha + ARa = hs = ...
  à HmP. ARm = ...
      ____
  hs - ARm = HmP = ...

          Voir l'application au type VIII.
En combinant ce calcul avec celui de la latitude par la
Polaire on obtient le point exact au moment de l'observation.

Point par Deux hauteurs d'étoiles.

Même procédé que pour le point par 2 hauteurs que

j'ai expliqué en détail.

Se reporter pour obtenir l'heure moyenne et par suite la longitude, à ce qui vient d'être dit plus haut. (heure moyenne par une étoile)

Si l'on emploie des astres différents les deux hauteurs peuvent être prises simultanément; chaque angle horaire donne une droite de hauteur.

Calculer les azimuts vrais par la table 11 de Labrosse et la correction Pagel.

Cette correction peut être obtenue dans la Table 10 si la distance polaire ne dépasse pas 114°.

Dans le cas contraire, calculer p. par les différences logarithmiques.

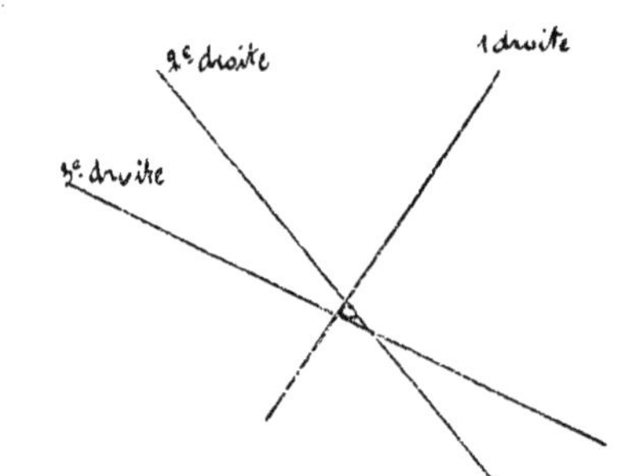

L'intersection des deux droites donne le point exact; pour plus de certitude, prendre 3 astres. Les 3 droites se coupent forment un petit triangle à l'intérieur duquel se trouvait le navire au moment de l'observation.

Pour diminuer l'erreur, il est facile de comprendre que l'on doit observer deux astres dont les droites de hauteur se coupent sous un angle voisin de 90°. C'est-à-dire que les relèvements au compas des deux astres, doivent avoir une différence se rapprochant de 90°.

Ne jamais prendre un astre au moment ou après de son passage au méridien.

Je n'ai tenu à donner ici qu'un aperçu de la méthode, il faut une très grande habitude pour observer la nuit; et encore on se sert d'instruments particuliers; je n'engage

donc à essayer les calculs d'étoile que l'on sera très exer-
cé à celui de l'heure moyenne par le Soleil.

Si l'on prend deux ou trois étoiles au même moment, l'intervalle, c'est à dire la route parcourue entre les observations
n'existe plus, il n'y a donc plus besoin de ramener C_1 ou C_2.

On prend la différence C_1 à C_2 des deux longitudes obte-
nues par le calcul.

La correction ΔC_2 s'applique toujours à la 2ème Longitude
et ΔL_2 à la latitude qui est dans ce cas la même pour les
deux calculs.

Calcul de l'état absolu d'un chronomètre par des hauteurs de soleil prises à l'horizon artificiel.

Après une longue traversée, lorsque l'on arrive dans
un port, il est indispensable de vérifier l'état absolu
des chronomètres, et par suite d'en déterminer la marche.

Si le port possède un observatoire, il suffit de prendre
plusieurs comparaisons avec la pendule réglée du lieu, comme il a été dit au chapitre VII. Dans le cas contraire,
c'est par l'observation du soleil que l'on arrive à déterminer
ou à vérifier l'État absolu.

On ne peut le faire que dans un lieu dont on connaît
très exactement Longitude et latitude soit d'après les cartes, soit d'après les indications géographiques de la Connaissance des Temps.

On prend généralement trois séries de trois hauteurs chaque (voir observations à l'horizon artificiel chap. IX.)

Dans chaque série on prend la hauteur moyenne qui
correspond à une heure C du chronomètre (moyenne des
heures correspondantes aux hauteurs prises)

Au moyen de C et de son état absolu approximatif, on

obtient l'heure moyenne approchée de Paris pour cha
cune des observations.

On calcule très exactement pour la moyenne des
heures approchées de Paris la Déclinaison et . l'Equa
tion du Temps.

La Latitude étant connue, après avoir les hauteurs (Voir
corrections des hauteurs prises à l'horizon artificiel) on
fait les trois calculs d'angle horaire en prenant les loga -
-rithmes à 7 décimales (Callet) ou 6 (Callet) (prendre les
logarithmes très exactement).

Chacun d'eux donne l'heure vraie du lieu qui, augmentée
de l'Equation du Temps fournit l'heure moyenne du
lieu).

Cette heure moyenne du lieu ± la Longitude donne l'heure
moyenne de Paris Hm P à chaque observation .

Or l'Etat absolu est égal à la différence entre temps
moyen de Paris et l'heure du chronomètre).

Ajouter au besoin 12^h à Tm P pour que Tm P − C soit
positif.

On obtient donc l'état absolu de C pour chaque ob-
-servation, c'est à dire trois états absolus.

Si les observations ont été bien prises, ces trois états absolus
doivent être à très peu près les mêmes.

Si l'un d'eux différait trop des deux autres, il faudrait ne
pas en tenir compte, et ne prendre que les deux donnant à
peu près le même résultat.

Prendre la moyenne des trois états, la moyenne des
trois heures de Paris et l'on a l'Etat de C à H m P.

Si quelques jours après on recommence ce même calcul,
on en déduit un nouvel état absolu et par suite la marche
de C.

Voir au Type II (G) pour trouver la marche diurne.

il est bien entendu que les observations de hauteurs doivent être, très précises et par conséquent toujours prises à terre à l'horaire artificiel.

Pour les détails de calcul, se reporter au Type X (22).

Chapitre XV.

des Marées.

Les marées sont les mouvements oscillatoires du niveau de la mer.

Elles dépendent des positions relatives de la Lune et du Soleil, et proviennent de l'attraction que ces deux astres produisent sur la surface des mers et en majeure partie de l'attraction Lunaire.

Il me paraît donc utile de donner à ce moment une explication très brève du mouvement Lunaire.

Nous supposerons la Terre fixe, et nous ne nous occuperons que des mouvements relatifs apparents du soleil et de la Lune, en négligeant, pour simplifier leurs mouvements propres.

Le Soleil, qui sert de base à la mesure du temps, décrit sa révolution diurne autour de la Terre en 24^h moyennes.

La lune met de son coté 24^h moyennes $+ 50^m 30^s$ environ à accomplir cette même révolution autrement dit si un certain jour la lune passe au méridien en même temps que le Soleil, elle y passera le lendemain 50ᵐ plus tard environ que cet astre.

On appelle mois lunaire la période qui ramène la lune en conjonction ou en opposition avec le soleil. C'est à dire l'intervalle de temps qui sépare deux Nouvelle lune ou deux Pleine lune.

Elle est égale à 29 T^{moyen} 53.

Des phases de la Lune. — Les phases de la lune sont les différents aspects dans lesquels elle se présente à un observateur pendant le mois Lunaire

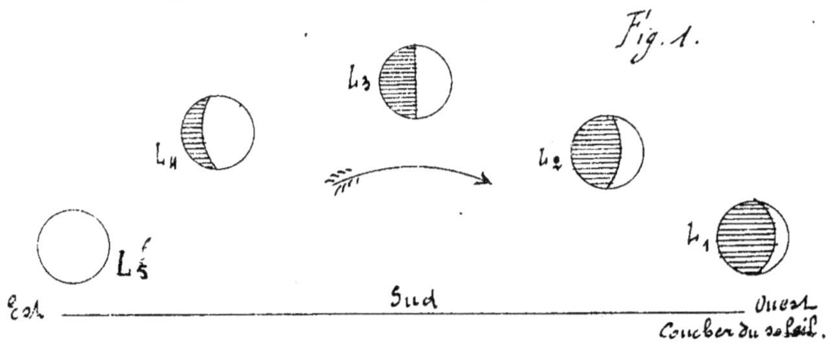

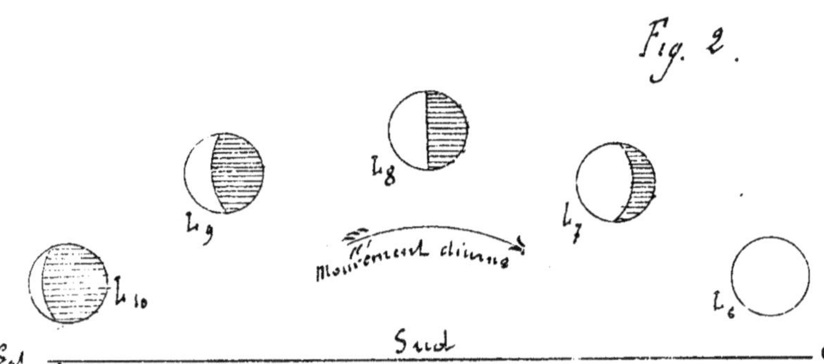

Un certain jour, peu de temps après le coucher du Soleil il verra vers l'Ouest, un mince croissant se dégager de la lumière du Crépuscule. (L₁ Fig. 1)

Ce croissant disparaîtra bientôt sous l'horizon entraîné

par le mouvement diurne ; il a a ce moment la forme
d'un D non fermé. au commencement des crépuscules suivants le croissant se verra, en vertu du mouvement propre
de la Lune (retard 50 minutes) de plus en plus à l'Est,
et s'élargira en même temps de plus en plus par sa partie intérieure L_2.

Quatre ou cinq jours après la première observation,
l'astre qui se trouve à peu près au méridien supérieur quand
le soleil se couche paraît alors sous forme d'un demi cercle
L_3 dont la convexité se trouve vers l'Ouest ; on est alors au
Premier quartier.

Les soirs suivants, la distance angulaire du Soleil à
la lune continuant à augmenter la partie éclairée deviendra de plus en plus considérable L_4.

Sept jours environ après le premier quartier la Lune se
lèvera sous forme d'un cercle entier L_5 vers le coucher du
Soleil, il y a alors Pleine Lune, les deux astres sont en
opposition et la Lune n'apparaît plus que pendant la
nuit.

Continuant ses observations les jours suivants au lever
du Soleil (Fig. 2) il verra le disque s'aplatir peu à peu
du coté de l'Ouest, c'est à dire du coté qui jusqu'alors
était resté circulaire L_7 ; sept jours après la Pleine Lune
l'astre redevient un demi-cercle, mais dont la convexité
est tournée vers l'Est L_8 ; on est au dernier quartier, la
Lune est à peu près au méridien supérieur, quand le
soleil se lève, le croissant continue à s'amincir les jours
suivants du coté de l'Ouest, en prenant la forme d'un C,
à mesure que la distance angulaire des deux astres diminue,
et quatre ou cinq jours après le dernier quartier, il finit
par se perdre dans les rayons solaires, alors revient l'époque
de la Nouvelle Lune, les deux astres sont en conjonction,

et les mêmes phénomènes se reproduisent.

Syzygie quadrature. Le mot Syzygie s'applique à la nouvelle et à la Pleine Lune, le mot quadrature au premier et au dernier quartier.

Il résulte de ce qui précède que la partie circulaire du croissant est toujours tournée du côté du Soleil, et on constate aussi que la ligne qui en joint les pointes reste perpendiculaire à celle qui unit les centres de la Lune et du Soleil.

Explication des Phases. La lune n'est pas lumineuse par elle même, comme la Terre elle est éclairée par les rayons du Soleil, et c'est ce qui nous fait l'apercevoir.

Soit S et T le Soleil et la Terre, le Soleil étant 400 fois éloigné de nous que la Lune. Nous pouvons considérer ses rayons lumineux comme parallèles quelles que soient les positions relatives de la Lune et de la Terre.

Supposons fixées la Terre et le Soleil en ne nous occupant que du mouvement relatif lunaire.

A un certain jour la Lune se trouvant dans la position L_1 est en conjonction; c'est le moment de la Nouvelle Lune on ne voit de la Terre que la partie non éclairée de la Lune qui alors passe au méridien à peu près en même temps que le Soleil.

Trois jours et demi environ après elle est en L_2, vue de la Terre elle apparaît comme un petit croissant son retard relatif étant d'environ 50^m par jour moyen, 7 jours après la Nouvelle Lune, elle est en L_3 passant au méridien 6^h environ après le Soleil, on voit la moitié de son globe éclairé par les rayons solaires premier quartier.

En L_5, on voit en entier éclairée la demi sphère lunaire elle est en opposition; c'est la Pleine Lune; en L_7 dernier

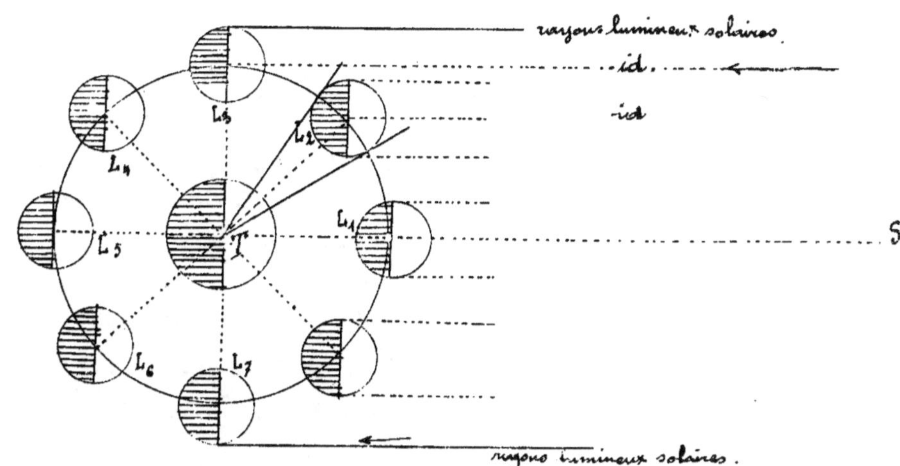

quartier pour revenir en L_1 29 j. 53 après avoir eu cette position : le mois lunaire s'est écoulé, il y a de nouveau Nouvelle Lune.

Lumière cendrée. — Lorsque la lune ne présente qu'un faible croissant visible soit vers l'Ouest au crépuscule, soit vers l'Est pendant l'aurore, l'autre partie du disque apparaît légèrement éclairée d'une lumière grisâtre ou cendrée d'autant plus pâle que le croissant est plus grand ; cette illumination est celle que la lune reçoit de la terre, alors éclairée par le Soleil du côté de cet astre ; Il est facile en outre de se rendre compte que pour un observateur situé sur la Lune il y a Pleine Terre à la nouvelle Lune, et que la terre présente à la Lune des phases complémentaires de celles que nous observons.

Revenons maintenant à l'explication sommaire du phénomène des Marées.

Flot.
Étale.
Jusant. En un peu plus d'une demi-journée, sur les côtes baignées par les mers d'une grande étendue on voit la mer s'élever graduellement (flux ou flot) jusqu'à atteindre un niveau maximum (Étale de haute mer) puis s'abaisser graduellement (reflux ou jusant) jusqu'à l'Étale de Basse Mer.

On appelle **heure de la pleine mer** ou de la **Basse mer** l'instant milieu de l'étale correspondante, grandeur ou amplitude de la marée, l'élévation de la pleine mer au dessus de la basse mer précédente.

Explication élémentaire.

L'intervalle compris entre les heures de deux pleines mers ou de deux basses mers varie entre certaines limites, sa valeur moyenne est de $12^h 25^m$, en sorte qu'il y a environ deux marées complètes dans la période de $24^h 50^m$ qui est l'intervalle, comme nous l'avons vu, compris en moyenne entre deux passages de la lune au même méridien.

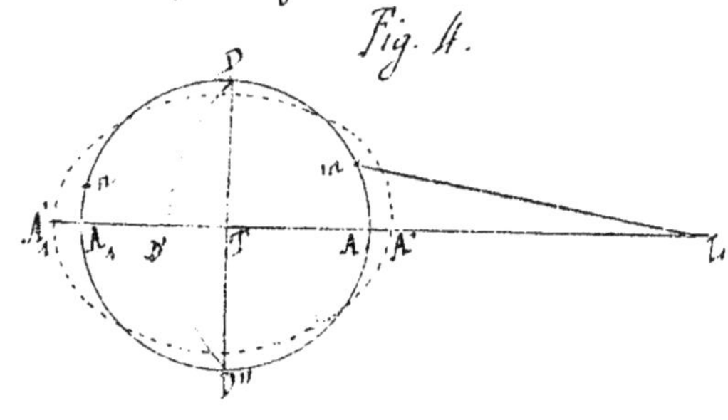

Fig. 4.

Soit T le Centre de la Terre L la Lune, le plan de la fig. 4 passant par leurs centres.

La loi de l'attraction universelle fait qu'une molécule telle que m est plus attirée par la Lune que la molécule T. Cette molécule m tend par suite à s'éloigner du Centre.

Il en est de même de toutes les molécules situées du coté de la Lune.

Quant à celles telles que n du coté opposé, étant moins attirées que les autres elles tendent également à s'en écarter.

Si l'on suppose la Terre sphérique et enveloppée d'une couche d'eau en équilibre, sous l'attraction d'un corps attirant, la Lune, la surface d'équilibre va changer de forme, et la couche fluide doit par suite s'allonger suivant AA_1, mais en restant symétrique par rapport à cet axe : il y a donc une protubérance aqueuse aux points A et A_1 qui ont la Lune au zénith et au Nadir, et une dépression maximum sur le cercle $DD'D''$ où la lune est à l'horizon.

139

La surface devient un ellipsoïde de révolution très peu allongé suivant son axe de figure, $A' A_1$.

Il en résulte que, le mouvement lunaire étant considéré seul, il y aura en un point A deux pleines mers dans l'intervalle de $24^h 50'$, et les pleines mers devraient arriver au moment du passage de la Lune au méridien supérieur ou inférieur.

Mais le Soleil quoique beaucoup plus éloigné produit également la même attraction et considéré seul, donnerait lieu à deux pleines mers en 24^h (durée de sa révolution).

Son action est deux ou trois fois moindre que celle de la Lune, exactement :

$$\frac{\text{marée lunaire}}{\text{marée solaire}} = 2,3.$$

L'effet combiné de ces deux actions détermine des oscillations dans l'heure de la pleine mer réelle, de part et d'autre, de l'instant où arriverait la pleine mer lunaire seule.

Aux nouvelles et aux pleines lunes, c'est à dire lorsque les deux astres sont en conjonction ou en opposition les deux ondes produites par l'attraction concordent et leurs effets s'ajoutent, ce sont donc les plus fortes marées ou vives eaux (syzygie.).

Aux quadratures, c'est à dire au premier et au dernier quartier, les effets se contrarient ce sont les marées les plus faibles ou mortes eaux.

En plein Océan, on constate que la marée maxima ne peut atteindre 1 mètre. Cette hauteur s'accroît lorsque l'onde rencontre un obstacle : petits fonds, côtes, détroits...

Les phénomènes observés de la marée s'accordent assez avec la théorie ; l'on constate seulement que sur les côtes de France baignées par l'Océan et la Manche la plus forte marée n'arrive environ qu'un jour et demi après la Syzygie en sorte que les marées observées paraissent dépendre par suite de l'inertie des eaux, des frottements etc..... de la position relative des deux astres 36^h avant ; il y a en outre un retard particulier à chaque localité.

Les marées ne sont pas appréciables dans les petites mers isolées comme la Mer Caspienne ; en Méditerranée elles ne sont bien notables que dans des Golfes ou des détroits resserrés, comme la Mer Adriatique ou le détroit de Messine.

Sur nos côtes Ouest, les Marées qui ne dépassent guère 5^m à Royan, 8 à Brest, atteignent 15^m à Granville.

La durée de l'étale dépend des localités ; l'instant de la basse mer peut différer plus ou moins de la moyenne des Pleines mers, précédente et suivante.

Au Hâvre, la mer emploie environ deux heures de plus à descendre qu'à monter ; à Brest cette différence est d'à peu près $\frac{1}{4}$ d'heure.

Sur les côtes de France, vers les Nouvelles lunes d'été les pleines mers du soir surpassent celles du matin ; l'inverse a lieu aux nouvelles lunes d'hiver.

La hauteur des marées dépend d'un grand nombre de circonstances constantes ou accidentelles, telles que l'étendue et la profondeur des mers, la configuration des Côtes, la direction du vent, etc......

Calcul des Marées.

Établissement d'un port.

On appelle Établissement d'un port le temps qui s'écoule depuis le passage de la Lune au méridien, jusqu'à la pleine mer suivante le jour d'une syzygie équinoxiale.

Comme la lune passe ce jour au méridien en même temps que le Soleil, c'est à dire à 0^h vraie environ, il s'en suit que l'heure de la pleine mer (en temps vrai) de ce jour particulier peut être considéré comme l'Établis sement du port.

L'annuaire des Marées, don ne l'Établissement pour certains ports Français.

Les heures de l'Établisse ment sont en chiffres ro mains.

Brest III^{h}46^m Le Havre IX^{h}18^m

$$ON = U \times 1.18$$
$$NH = U \times C$$
$$OH = U \times (1.18 + C)$$

Marée totale. On appelle marée totale la demi-somme des élévations BH et BH' (fig. 5.) de deux pleines mers consécutives au des- sus de la basse mer intermédiaire.

B, niveau d'une basse mer; H H' pleines mers avant et après.

Marée totale = B.M.   M. milieu de H H'

Niveau moyen On appelle niveau moyen du port le niveau N qui corres pond à la demi marée totale BM. le niveau moyen a une élévation à peu près fixe pour un port et se détermine par un grand nombre d'observations.

Unité e hauteur. On appelle unité de hauteur d'un port l'élévation au dessus du niveau moyen d'une pleine mer qui suit d'un jour ou deux une syzigie équatoriale.

Soit U l'unité de hauteur, H l'élévation d'une pleine mer quelconque au dessus du niveau moyen et C une variable, on aura :

$$H = U \times C \text{ ou } NH = U \times C.$$

Coefficient Cette valeur C, varie journellement et s'appelle coefficient

De la marée en centièmes. de la marée en centièmes.

Son maximum varie entre 1.17 et 1.19 ; il est donné dans l'Annuaire des Marées, et correspond à la pleine mer dont l'heure pour Brest est mise à côté.

L'annuaire des Marées donne 1.17 comme maximum. En multipliant l'unité de hauteur, par le coefficient de la marée, on obtient donc la hauteur de la marée (pleine mer) au dessus du niveau moyen, ou la dépression en dessous (basse mer).

Le zéro des cartes Françaises correspond environ au coefficient 1,18, c'est à dire des plus grandes basses mers possible, tandis que le zéro des cartes de l'Amirauté est établi sur la moyenne des plus grandes basses mers observées. Les cartes Françaises offrent donc plus de sécurité.

La table LII de Caillet donne l'unité de hauteur et l'élévation du niveau moyen pour diverses localités.

Il en résulte que dans un port, pour avoir la hauteur de l'eau au dessus du zéro des cartes à une certaine pleine mer, il suffit de multiplier l'unité de hauteur par le coefficient du jour et d'ajouter à ce produit celui de l'unité de hauteur par le coefficient maximum 1.18.

Dans un lieu quelconque.

Hauteur PM au dessous du zéro $= u \times 1.18 + u \times$ coefficient du jour (c)
$$= u \times (1.18 + c).$$

Hauteur BM au dessous du zéro $= u \times (1.18 - c).$

On pourra donc se rendre compte à un moment donné de la hauteur de l'eau sur un endroit coté, ou de combien une roche doit découvrir.

Les cartes Françaises sont cotées en mètres et décimètres. Ces chiffres expriment la hauteur de l'eau au dessus du niveau d'une basse mer de coefficient 1.18.

Un plateau de roches avec la côte 1.3 est toujours couvert aux plus basses mers de 1ᵐ30 d'eau.

Quand le chiffre est souligné $\underline{3.70}$, il indique que la roche émerge à grande basse mer de la quantité indiquée.

Ainsi à l'entrée de l'Aberwrac'h la roche le Lébenter à la côte $\underline{5.7}$, cela veut dire que dans une marée basse de cœfficiant $\overline{1.18}$, elle émerge de 5ᵐ70.

Quand la roche est surmontée d'un petit trait verti-cal, c'est qu'elle ne couvre jamais.

La Pendante - Entrée de l'Aberwrac'h.

Ce sont les Hauteurs des Pleines et Basses mers, calculées comme nous venons de le dire plus haut qui sont données dans l'Annuaire des Marées pour certains ports Français.

Une simple correction suff⁺ pour obtenir les hauteurs des Pleines et Basses Mers. pour tous les principaux points du globe, et les hauteurs de la marée dans les points du littoral Français et pour 4 ports anglais.

Application.

On demande la hauteur de la pleine mer et de la Basse mer le 20 Août 1896 à Port Louis et à Brest (marée de l'après midi.)

à Port Louis unité de hauteur $= 2^m 40$

Brest id. $= 3^m 21$

Coefficient de la marée 0,62.

correspondant à la pleine mer de $2^h 36^m$ du soir à Brest

Port Louis.
$$\begin{cases} \text{H. Pl Mer} = 2^m 40 \times (1.18 + 0.62) = 43^{dc} 2 \\ \text{H B. Mer} = 2.40 \times (1.18 - 0.62) = 13^{dc} 4 \end{cases}$$

Brest.
$$\begin{cases} \text{H. Pleine mer} = 3.21 \times (1.18 + 0.62) = 59^{dc} 4 \\ \text{H B. mer} = 3.21 \times (1.18 - 0.62) = 23^{dc} 5 \end{cases}$$

Ce sont les chiffres 43. 59. Hauteurs des Pleines mers.
                     13. 23.   Basses mers.

qui sont donnés dans l'Annuaire des Marées

Il y a entre ceux que je viens de trouver et ceux donnés dans l'annuaire une très légère différence provenant des constantes Coefficient maximum et unités de hauteur employés dans le calcul.

J'ai voulu simplement indiquer le procédé.

2ème Application
(Par l'Annuaire des Marées)

A quelle heure aura lieu la pleine mer à Roscoff le 24 avril 1896, au soir, et quelle sera la hauteur de l'eau à la pleine mer et à la basse mer.

Cherchons Roscoff dans l'annuaire des Marées. Nous voyons que ce port dépend de Brest, et qu'il faut ajouter à l'heure de la pleine mer de ce lieu $1^h 04^m$ pour avoir l'heure de la P.M correspondante à Roscoff, il faut ajouter également 9^{dc} à la hauteur de la P.M. de Brest p. 225.

Pour l'heure de la basse mer de Roscoff, ajouter $1^h 13^m$ à celle correspondante de Brest p. 234.

La hauteur de la basse mer à Brest étant 22^{dc} celles de Roscoff est 19^{dc} p. 235.

Brest $\begin{cases} \text{Heure P.M. } 1^h 38 & \text{Hauteur P.M. } 66. \\ \text{Heure B.M } 7^h 28 & \text{BM } 22. \end{cases}$

Roscoff $\begin{cases} \text{Heure PM} = 1^h 38 + 1^h 04 = 2^h 42^m \text{ soir} \\ \text{Heure BM} = 7^h 28 + 1^h 13 = 8^h 41 \text{ soir} \end{cases}$

Roscoff $\begin{cases} \text{Hauteur PM} = 66 + 9 = 75^{dc} \\ \text{Hauteur BM} = 19. \end{cases}$

La correction $+ 1^h 04^m$ représente la différence des Etablissements Brest et Roscoff.

Etablissement Brest $III^h 46$ Roscoff $IV 50^m$.

On aurait pu calculer les hauteurs par les éléments.

H de Roscoff = 4.20 et C pour le jour = 0.65.

Le mouvement de montée ou de descente de la marée n'est pas proportionnel au temps écoulé.

On peut se rendre compte assez exactement de ce mouvement par rapport au temps écoulé au moyen de la figure suivante.

Diviser une demie circonférence en six parties égales représentant les 6 heures de montée ou de descente.

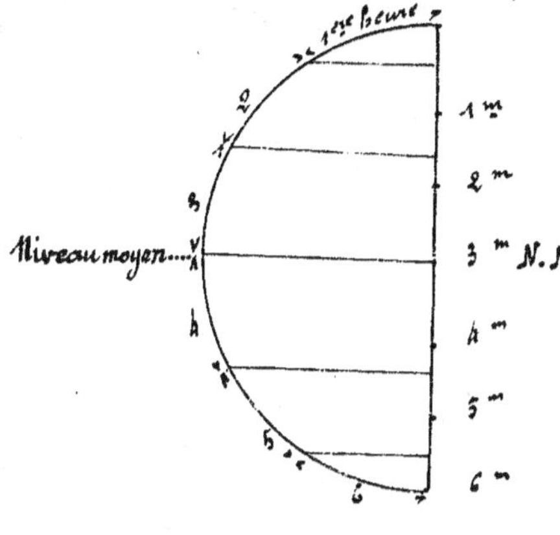

Mener par ces points des perpendiculaires au diamètre qui se trouve ainsi divisé en 6 parties inégales. Le niveau moyen correspond à la demi. marée

Au dessus et en dessous de ce niveau moyen, soit de :

2ʰ à 3ʰ et de 3ʰ à 4ʰ même valeur de montée ou descente.

1 à 2ʰ et de 4 à 5ʰ . . . . id . . . .

0 à 1 de 5 à 6ʰ . . . . id . . . .

Si nous supposons que la montée totale soit de 6ᵐ (6 centimètres sur la figure) Nous voyons que dans la première heure elle monte de 0ᵐ40

2 m	1.10
3 m	1.50
4 m	1.50
5 m	1.10
6 m	0.40

le tout faisant 6ᵐ

ou pour une marée quelconque représentée par l'unité.

1ère heure	0,07	de la valeur totale
2 —	0,18	
3	0,25	
4	0,25	valeur totale de la marée = 1.
5	0,18	
6	0,07	
	1,00 .	

3ème Application. Quelle sera la hauteur de l'eau sur Basse Tréleu (2.60) (Roches de Portsall) le 24 Avril 1896 à 4^h du soir.

Nous prenons pour les indications des heures et hauteurs des pleines et basses mers l'aberbenoit point le plus rapproché donné dans l'Annuaire.

à Brest { Pleine mer $1^h 38$ $H = 66^{dc}$.

{ Basse mer $7^h 28$ $H = 22^{dc}$.

L'aberbenoit { Pleine mer $(1^h 38 + 23^m) = 2^h 01$ $H = 66 + 5 = 71^{dc}$

{ Basse mer $(7^h 28^m + 25^m) = 7^h 53$ $H = 19$.

Il y aura donc pleine mer sur la B. Tréleu vers 2^h de l'après midi, la montée totale de la marée est de $(71^{dc} - 19^{dc})$ soit $5^m,20$.

à 4^h il y aura donc 2 heures de descente, et la mer aura baissé d'une valeur égale à $(0,07 + 0,18)$ de la marée totale $5^m,20$ soit :

$$(0,07 + 0,18) \times 5,20 = 0.25 \times 5.20 = 1^m 30.$$

La hauteur d'eau sur la basse sera donc à ce moment de $6^m 50$; en effet.

$$2^m 60 + 5.20 - (5.20 \times 0.25)$$
$$= 2^m 60 + (5.20 - 1^m 30)$$
$$= 6^m 50 .$$

Ces calculs ne peuvent être que très approximatifs étant

donnés les éléments vents, courants...... qui peuvent les modifier.

Conclusion

En terminant cette courte étude d'astronomie et de navigation, je crois devoir dire que je l'ai faite unique-ment pour ceux de mes collègues de l'Union des Yachts Français, ayant tout à apprendre sur ce sujet, comme me le disait un de mes bons amis Vice Président de l'Union.

Le but poursuivi est d'essayer d'expliquer les raisons des différents calculs, sans pourtant faire une théorie com-plète; il en effet nécessaire de bien comprendre ce que l'on fait pour arriver à un bon résultat.

Je ne saurais trop recommander une dernière fois, lorsqu'il s'agit d'un calcul d'heure de toujours se rendre compte du triangle de position PZA, on m'excusera donc d'y revenir et de finir par un court résumé.

Tout observateur situé dans l'hémisphère Nord, et fai-sant face au pôle élevé, a devant lui à une certaine hau-teur, variable suivant la latitude, le Pôle Nord, et au dessus de la tête le Zénith z du lieu d'observation.

Le grand cercle de la sphère céleste passant par ces deux points est le plan méridien du lieu.

Le méridien supérieur est celui comprenant le Zénith.

Faisant face au Nord l'astre observé se trouve tantôt à droite ou dans l'Est, tantôt à gauche ou dans l'Ouest de ce plan méridien.

Le grand cercle passant par le pôle et l'astre est le cercle de déclinaison ou cercle horaire.

Alors que le méridien est fixe, le cercle horaire fait avec lui un angle qui varie constamment.

Quand les deux grands cercles se confondent l'astre passe au méridien supérieur ou inférieur du lieu, et on peut en observant à ce moment sa hauteur en déduire la latitude (latitude méridienne).

Quand le Soleil est au méridien supérieur, il est midi vrai ou 0^h vrai ; la montre d'habitacle doit être réglée sur cette heure.

Pour un observateur couché sur la ligne des pôles la tête tournée vers le Pôle Nord, le cercle horaire se meut dans le sens de rotation des aiguilles d'une montre. (gauche à droite), et pour le soleil son angle avec le plan méridien détermine l'heure vraie qui se compte de 0^h à 24^h (midi à midi).

On en déduit l'heure moyenne en lui ajoutant tou- -jours l'équation du temps (Temps moyen à midi vrai)(Conn. des Temps) calculé pour l'heure moyenne de Paris donnée par le chronomètre et corres- pondante à celle de l'observation.

L'heure moyenne se compte également de 0^h à 24^h (midi moyen à midi moyen).

Les heures civiles, se comptent de 0 à 12 ou de midi à minuit et de minuit à midi.

Le changement de date du jour civil a lieu à minuit, tandis que pour le jour vrai ou moyen astronomique il a lieu à midi vrai ou midi moyen (Voir au chapitre III)

Il s'ensuit que lorsque le soleil est dans l'Ouest, l'angle du cercle horaire et du plan méridien, autrement dit l'angle au pôle P du triangle de position, exprimé en temps donne directement l'heure vraie astronomique

et alors heure vraie astronomique = heure vraie civile
quand le soleil est dans l'Est :

— heure vraie astronomique = $24^h - P$.

= heure vraie civile + 12^h

en diminuant la date d'une unité.

de même lorsque le soleil moyen est dans l'Est ou dans l'Ouest, on aura les deux relations analogues pour les heures Temps moyen.

Pour les étoiles, l'angle horaire H a se calcule de la même façon, on lui ajoute AR a (ascension droite de l'étoile) pour obtenir la s, heure sidérale.

On retranche de cette heure sidérale AR m (ascension droite du Soleil moyen) calculée pour l'heure moyenne de Paris à l'observation.

Le résultat est l'heure moyenne du lieu à l'observation.

Navigation sans chronomètre.

C'est la navigation de tous les caboteurs, même de ceux faisant le grand cabotage dans toutes les mers d'Europe, la Méditerranée comprise.

On navigue à l'estime, en rectifiant la Latitude par l'observation.

Quand on veut atterrir on se met sur le parallèle d'un point visible de très loin, comme un phare à grande portée, on fait route à l'Est ou a l'Ouest jusqu'au moment où on l'aperçoit, on rectifie à ce moment son point par les relèvements.

Fin.

Mars 1896.

Point estimé.

Point de départ $\begin{cases} L = 47°\ 25'\ 30''\ N \\ G = 10°\ 32'\ 50''\ O \end{cases}$ à midi.

On a relevé depuis ce moment sur le journal du bord, les routes et milles parcourus suivants :

Routes au N 42 O ..... 35 milles   Variation du compas.
     S 23 E ...... 22 "
     S 55 O ...... 85 "   17° N O.
     S 6 E ...... 41 "

Déterminer le point estimé d'arrivée :

Routes vraies	milles	chemin N ou S		chemin E ou O	
V	m	N	S	E	O
N 59 O	35	18		"	30,0
S 40 E	22	"	16,9	14,1	
S 38 O	85	"	67,0	"	52,3
S 23 E	41	"	37,7	16,0	
		18	124,6	30,1	82,3
			18,0		30,1

$l = 103,6$ Sud $e = 52,2$ Ouest
$\quad = 1°\ 43'\ 40''\ S.$

Calcul de la Latitude d'arrivée.	Calcul de g	Calcul de G d'arrivée.

Lat. départ. $= 47°\ 25'\ 30''\ N$
$l \quad\quad = 1°\ 43'\ 40''\ S$

Lat. estimée $= 45°\ 41'\ 50''\ N$
d'arrivée.

Lat. = Lat. moyenne = 46° 33' = 47°
à 1° près.

Prendre $\begin{cases} \text{L m comme angle de route} \\ e \text{ colonne N° 5} \end{cases}$

on déduit
g colonne des milles = 71' O
$= 1°\ 11'\ O$

Long. départ. $= 10°\ 32'\ 50''\ O$
$g \quad\quad = 1°\ 11'\ 00''\ O$

Long. estimée $= 11°\ 43'\ 50''\ O$
d'arrivée.

Point observé supposé

$L = 45°\ 50'\ 20''\ N$
$G = 11°\ 28'\quad\quad O$

Point estimé

$Le = 45°\ 41'\ 50''\ N$
$Ge = 11°\ 43'\ 50''\ O.$

Calcul de la distance et de la route vraie entre deux points.

Nota – La solution usuelle de ce problème est celle indiquée dans l'usage des cartes.

Étant dans un lieu situé par $\left\{\begin{array}{l} L = 47° 10' \ N \\ G = 5° 45' \ O \end{array}\right.$ (S.O de Belle Ile) on veut

arriver à un point situé par $\left\{\begin{array}{l} L = 43° 56' \ N \\ G = 10° 32' \ O \end{array}\right.$ 15 milles dans le NO du cap Ortégal

Déterminer la route vraie entre ces deux points et leur distance

Calcul de l

L. départ. $= 47° 10' \ N$
arrivée $= 43 \ \ 56 \ N$

$l = 3° 14' \ S$
$= 194' \ S$

Lat. moyenne $= 45.23$

Soit environ $45°$

La route vraie est le S. 46. 0
et la distance 280 milles.

Calcul de g

Long. départ. $= 5° 45' \ O$
arrivée $= 10 \ \ 32 \ 0$

$g = 4° 47' \ 0$
$= 287'$
$= 240 + 47$

La table de point ne donnant que jusqu'à 240 milles, prendre 240 et 47.

Calcul de V et de m

TIV avec $\left\{\begin{array}{l} Lm \ \text{angle de route} \\ g \ \text{colonne milles} \end{array}\right.$ on trouve $\left\{ e \ \text{colonne N S.}\right.$

$Lm = 45° \quad g = 240 + 47 \qquad e = 169,7 + 33,2$
$= 202,9$

TIV avec $\left\{\begin{array}{l} l \ \text{colonne NS} \\ e \ \text{colonne EO} \end{array}\right.$ on trouve $\left\{\begin{array}{l} V \ \text{angle de route} \\ m \ \text{colonne milles} \end{array}\right.$

$V = S. 46. 0 \qquad m = 280 \ \text{milles,}$

Nota – Dans ce cas, on ne trouve pas dans la table $l = 194$ correspondant à $g = 202,9$: parce que m est plus grand que 240.
On agit sur les moitiés de l et de g et l'on trouve (p. 605. Caillet)
pour $l = 97$ et $g = 101$ $m = 140.$
Doubler le résultat, soit 280.

Application usuelle du type précédent.

On a trouvé comme point observé à midi $\left\{\begin{array}{l} L = 45° 50' 20" \ N \\ G = 11° 28' \quad O \end{array}\right.$

Et comme point estimé au même moment $\left\{\begin{array}{l} Le = 45° 41' 50" \ N \\ Ge = 11° 43' 50" \ O \end{array}\right.$

Déterminer le courant et sa direction moyenne

$L = 45° 50' 20" \ N$
$Le = 45 \ \ 41 \ \ 50 \ \ N$

$l = \quad 8 \ \ 30 \ N$
$= 8,5$

moyenne $= 46°$ environ

$G = 11° 28' 00" \ O$
$Ge = 11° 43' 50" \ O$

$g = \quad 15' 50" \ E$
$= 16' \ E$

avec $\left\{\begin{array}{l} Lm \ \text{angle de route} \\ g \ \text{colonne milles} \end{array}\right.$ on trouve $\left\{ e \ \text{colonne NS} = 11',1 \right.$

avec $\left\{\begin{array}{l} l \ \text{colonne NS} \\ e \ \text{colonne EO} \end{array}\right.$ on trouve $\left\{\begin{array}{l} V = 53 \\ m = 14 \end{array}\right.$

Courant (dans les 24 heures) 14 milles au N. 53. E

Chronomètres.

Type II. (4)

1° Trouver à un moment donné l'heure moyenne de Paris HmP
par un chronomètre réglé.

Le 16 Mars ..... Vers 8^h du matin (heure vraie du bord) par une longitude estimée $Ge = 30°32'0$
on a fait une observation à heure $C = 7^h 22^m 45^s,5$.

État absolu $TmP - C$ le 3 Mars $= +2^h 47^m 25^s,5$ à $0^h HmP$.
marche diurne $C = +2^s,5$.

On demande HmP à l'observation.

Calcul de HmP approchée	Calcul de $TmP - C$ pour le 15 à 22^h16^m HmP.
Heure vraie du bord $HrL = 8^h 00^m$ matin le 16	Le 3 Mars $TmP - C = 2^h 47^m 25^s 5$ à $0^h HmP$
$= 20^h 00^m$ le 15	(du 3 au 15 à $0^h HmP$ 12 jours)
à vue $E = 0\ 08^m$	$C = +2^s,5$ soit $2,5 \times 12 = +30^s$
$HmL = 20^h 08^m$ le 15	Le 15 Mars $TmP - C = +2^h 47^m 55^s 5$ à $0^h HmP$
$Ge = 2^h 08^m$ Ouest	p $\frac{1}{r}$ de C pour $22^h16 = +\ 2^s 3$.
HmP app $= 22^h 16^m$ le 15	$TmP - C = +2^h 47^m 57^s,8$ à HmP le 15.

à observation $TmP - C = 2^h 47^m 57^s,8$
$C = 7^h 22\ 45^s,5$

$HmP = 10^h 10^m 43^s 3$

d'après HmP approchée ajouter 12^h $= 22^h 10^m 43^s 3$ le 15 Mars.

2° (5). Régler un chronomètre par sa comparaison à un signal horaire.

Le 24 Mai .... en rade de Table Bay (cap de Bonne Espérance) au moment où tombe la
boule du mât de signaux $C = 3^h 56^m 24^s,2$.

La boule se détache à $1^h 00^m 00$ Temps moyen de l'observatoire dont $G = 1^h 04^m 34^s 4$ E

On demande l'état absolu de C au moment du signal horaire.

Signal horaire fait à $TmL = 1^h 00^m 00^s$ le 24 Mai
$G = 1\ 04\ 34.4$ E   (1)

$TmP = 23^h 55^m 25^s,6$ le 23 Mai   (2)
$C = 3\ 56\ 24.2$

$TmP - C = 19^h 59^m 01^s,4$ (3)

État absolu $= 7^h 59^m 01^s 4$ à $23^h 55^m 25^s,6$ TmP le 23 Mai.

Notes ... (1) L'heure de Paris retarde sur celle du Cap de la longitude de ce point puisque
le Cap est à l'Est du méridien de Paris.

(2) $TmP - C$ doit toujours être positif; ajouter au besoin 12^h à TmP.

(3) Si $TmP - C$ est plus grand que 12^h, retrancher 12^h.

3° (6) Régler un chronomètre par sa comparaison à une pendule réglée.

Voulant régler le chronomètre C du yacht.......... sur rade de Rio de Janeiro on a pris
le 25 juillet...... dans la matinée les comparaisons suivantes :

1° à bord (avant)	2° à terre	3° à bord (retour)
$C' = 7^h 23^m 24^s,6$	$P = 10^h.59^m 43^s,4$	$C'' = 9^h 30^m 37^s,4$
$M' = 9\ 17\ 32,4$	$M = 10\ 22\ 56,2$	$M'' = 11\ 24\ 42^s,6$

1) P pendule de l'observatoire dont $G = 3^h 02^m 02^s$ Ouest est supposée donner l'heure
moyenne du lieu, il était environ 11^h du matin au moment de la comparaison à terre.

On demande l'état absolu de C au moment de la comparaison à terre.

Calcul de H m Paris.

heure Pendule $= 10^h 59^m 43^s,4$

$H m L = 22^h 59^m 43^s,4$ le 24 juillet
$G = 3\ 02\ 02^s,4$ Ouest

$H m P = 2^h 01^m 45^s,8$ le 25.

Calcul de l'état absolu.

$T m P$ ou $H m P = 2^h 01^m 45^s,8$
$C = 8\ 28\ 49^s,8$

$T m P - C = 5^h 32^m 56^s,0$ en ajoutant 12^h à $T m P$.

État absolu $= 5^h 32^m 56^s,0$ à $2^h 01^m 45,8$ $H m P$ le 25 juillet.

Calcul de C au moment de la comparaison à terre.

$M'' = 11^h 24^m 42^s,6$ (2) $C'' - M'' = 10^h 05^m 54^s,8$
$M = 10\ 22\ 56^s,2$ $C' - M' = 10\ 05\ 52,2$
$M' = 9\ 17\ 32,4$

$M'' - M' = 2^h 07^m 10^s,2$ (3) $d = + \quad 2^s,6$
$M - M' = 1\ 05\ 23^s,8$

$x = \dfrac{+2^s,6 \times (1^h 05^m 23^s,8)}{2^h 07^m 10^s,2}$

$= \dfrac{+2^s,6 \times 65,4}{127,2} \qquad = +1^s,4$

$C' - M' = 10^h 05\ 52,2$
$x = + \quad 1^s,4$

$C - M = 10^h 05^m 53^s,6$
$M = 10\ 22\ 56,2$

$C = 8^h 28^m 49^s,8$

Le 2 Août on a obtenu par le même procédé.

État absolu $= 5^h 35^m 08^s,3$ à $4^h 07^m 12^s,8$ $H m P$ le 2 Août.

On demande la marche diurne c de C et son état absolu le 2 août à 0^h $T m P$.

$T m P - C = 5^h 32^m 56^s,0$ à $2^h 01^m 45^s,8$ le 25 juillet $T m P$.
$= 5\ 33\ 08,3$ à $4\ 07\ 12^s,8$ le 2 Août $T m P$.

Variation de $(T m P - C) = + \quad 12^s,3$ en $2^h 05\ 27$ + 8 jours ou en 194 heures.

pour une heure $c = \dfrac{12^s,3}{194}$ et pour $24^h - c = \dfrac{12^s,3 \times 24}{194} = +1^s,52.$

partie proportionnelle de c pour $4^h 07^m 12^s = +0^s,26$

$T m P - c = 5^h 33^m 0^s,3$ à $4^h 07\ 12^s,8$ $H m P$ le 2
(4) p.p pour $H m P = - \quad 0^s,26$

$T m P - c = 5^h 33^m 08^s,04$ à 0^h le 2 Août $T m P$ et $c = +1^s,52$.

Notes. — (1) Si P ne donne pas l'heure moyenne du lieu à l'observatoire l'état absolu de P
et sa marche diurne p ; on en déduirait H m L comme on a calculé H m P au type 1.

(2) Prendre toujours $(C' - M')$, $(C - M)$, $(C'' - M'')$ positifs, ajouter au besoin 12^h à C, C', C''.

(3) d prend le signe de la différence $(C'' - M'') - (C' - M')$, x prend le signe de d.

(4) La correction (p.p de C) à faire à l'État absolu est dans ce cas à retrancher, puisque
cet état augmente, or nous l'avons obtenu pour 4^h le 2 Août, il est donc plus petit à
0^h le 2 de la partie proportionnelle de C pour 4^h.
On se rendra toujours facilement compte du sens des Corrections.

Type III (7)   Corrections des hauteurs.

1°   Correction complète d'une hauteur de Soleil.

Le 8 Février..... on a obtenu par l'observation H inst ☽ = 26° 43' 20".
Élévation de l'œil 7ᵐ.   Erreur instrumentale = − 1' 20".

                H inst ☽   = 26° 43' 20"
                     i   = −   1' 20"
    ____
                H obs. ☽   = 26° 42' 00"   T XV Caillet   et VII Caillet
      dépression apparente = −   4' 41"
    ____
                H apparente ☽ = 26° 37' 19"   T XVI   VIII
                  réfraction   = −   1' 56"
    ____
        H apparente corrigée ☽ = 26° 35' 23"   T XVII   IX
                  parallaxe   = +   8"
    ____
                H vraie ☽   = 26° 35' 31"
              demi-diamètre = +   16' 15"   C. des Temps − pour la date.
    ____
                H vraie ☉   = 26° 51' 46"

        et pour le calcul Hv ☉ = 26° 51' 50"

____

(8)   Correction simplifiée (observation du bord inférieur).

    Par Labrosse (Livre I.1)   Par la Table auxiliaire E de Caillet

    H inst. ☽ = 26° 43' 20" | H instrumentale = 26° 43' 20"
         L = −   1' 20" | = −   1' 20"
    _________________________ | ___________________________________
    H obs ☽ = 26° 42' 00" | = 26° 42' 00"
  Table I.1ʳᵉ correction = +   9' 30"| E E + 9'7   = +   9' 42"
    _________________________ | ___________________________________
    H approchée ☉ = 26° 51' 30" | = 26° 51' 42"
  Correction du demi-diamètre = + 12" pour Février | + 0'2   = +   12"
    _________________________ | ___________________________________
    Hv ☉ = 26° 51' 42" | Hv ☉   = 26° 51' 54"

            H inst .... Hauteur instrumentale.

Nota. ☽ bord inférieur du Soleil   ☉ Centre   ☉ bord supérieur.

        La correction donnée soit par Labrosse, soit par Caillet est toujours
additive. Si l'on a observé le bord supérieur ☉, on retranche 3E' de la hauteur corrigée par les Tables E ou E' et on change le signe des variations
du demi-diamètre (2ᵉᵐᵉ correction).

Type III.

2°.   Correction des hauteurs de Soleil prises à l'horizon artificiel.

(9)   Le 1er Mars 1896 on a observé à l'horizon artificiel H inst ⊙ = 68° 34' 20"

$$i = + 2' 10"$$

On demande la hauteur vraie du centre.

H inst ⊙ =	68°	34'	20"
i = +		2'	10"
H obs ⊙ =	68°	36'	30"

on prendra la moitié

H obs ⊙ =   34° 18' 15"

H obs ⊙ =	34°	18'	15"
réfraction = −		1'	24"
H app corrigée =	34°	16'	51"
parallaxe = +			7"
H vraie ⊙ =	34°	16'	58"
demi-diamètre = −		16'	10"
Hv ⊙ =	34°	00'	48".

---

(10)

Correction d'une hauteur d'étoile.

Le ... on a obtenu par l'observation H inst Aldébaran = 47° 30'

élévation de l'œil 4m50   i = + 2' 30"

Par Callet ou Caillet.

H inst ⋆ =	47°	30'	00"
i = +		2'	30"
H obs ⋆ =	47°	32'	30"
Dépression app = −		3'	50"
H app ⋆ =	47	28'	40"
réfraction = −		0'	50"
H vraie ⋆ =	47°	27'	50"

Par Labrosse (Livre ... − Table 2).

H inst ⋆ =	47°	30'	00"
L = +		2'	30"
H obs ⋆ =	47	32'	30"
Table 2 Correction = −		4'	34"
Hv ⋆ =	47°	27'	56".

La correction de la Table 2 est toujours soustractive

Calculs de Latitude observée.

1° Par la hauteur méridienne du soleil.   (11)

Premier cas – Le 18 Juillet 1896 par $\left\{\begin{array}{l} Le = 34^\circ\,05'\ N \\ Ge = 67^\circ\,30'\ O \end{array}\right.$ on a pris face au Sud.

H inst mérid ⊙ = 76° 30' – Élévation de l'œil 5m 50 – Erreur instrumentale nulle.

Déterminer la latitude méridienne.

Correction de la hauteur	Heure approchée de Paris.	Calcul de D pour H app P.
H obs mérid ⊙ = 76° 30' 00"	Hr L = 0h 00m 00s le 18	Le 18 à 0h H m⊙ D = 20° 54' 32" N
T E Caillet = + 11' 40"	Ge = 4 30m Ouest	pp pour 4h30 = – 2'
Hr appro ⊙ = 76° 41' 40"	H app P = 4h 30m le 18	à midi vrai lieu D = 20° 52' 32" N
Correction du demi diamètre = – 14"		
Hv ⊙ = 76° 41' 26" face au S	Dist. zénithale = 13° 18' 34" N	
donc dist zénithale = 13° 18' 34" N. (1)	D = 20 52' 32" N	
	Lat méridienne = 34° 11' 06" N	

Deuxième cas — Le 17 Juillet 1896 par $\left\{\begin{array}{l} Le = 37^\circ\,30'\ S \\ Ge = 20^\circ\,25'\ E \end{array}\right.$ on a pris face au Nord.

H inst. mérid ⊙ = 31° 55' Élévation 4m 30 i = + 2' 30".

Déterminer la latitude méridienne.

(2) Correction de la hauteur	Heure approchée de Paris.	Calcul de D pour H app Paris
H inst. mérid ⊙ = 31° 55' 00"	Hr L = 0h 00m 00s le 18	Le 17 à 0h H inst D = 21° 05' 10" N
i = + 0' 30"	Ge = 1 21 40 E	pp pour 22h 38 = – 9' 50"
H obs ⊙ = 31° 57' 30"	H app P = 22h 38m 20' le 17	à midi vrai lieu D = 20° 55' 20" N
T E Caillet = + 10' 50"		
H = 32° 08' 20"		
bord supérieur = – 33'		
Hr app ⊙ = 31° 36' 20"	Dist. zénithale = 58° 23' 26" S	
Correction du demi diam. = + –14"	D = 20° 55' 20" N	
Hv ⊙ = 31° 36' 34" face au N	Lat. méridienne = 37° 28' 06" S	
donc dist Zénith = 58° 23' 26" Sud (3)		

Notes (1) Dist. zénithale N et Déclinaison N. La latitude est leur somme et est N.

(2) On a observé la hauteur ⊙ Il faut donc retrancher 32' après avoir fait la correction toujours positive de la Table E, et changer ensuite le sens de la correction demi-diamètre.

(3) Dist. zénithale S et déclinaison N. La latitude est leur différence et prend le nom de la plus grande - Elle est donc Sud.

Type IV.

2° (12)   Latitude par des hauteurs circumméridiennes du Soleil.

Le 23 juillet 1896 par $\begin{cases} Le = 40°\ 05'\ N \\ Ge = 21°\ 36'\ O \end{cases}$ on a observé dans la limite et face au Sud.

Des hauteurs circumméridiennes $\begin{cases} H\odot = 69°\ 23'\ 30'' \\ H_1\odot = 69\ 40'\ 30'' \end{cases}$ aux heures $\begin{cases} C = 6^h\ 10^m\ 19^s \\ C_1 = 6^h\ 20\ 37. \end{cases}$

Élévation de l'oeil 5^m. Erreur instrumentale nulle.

Déterminer la Latitude méridienne.

Calcul de $p - p_1$

$C_1 = 6^h\ 20^m\ 37^s$

$C = 6\ \ \ 19\ \ \ 19$

$C_1 - C = 0^h\ 10^m\ 18$

$p - p_1 = \ \ \ \ \ 10^m,3$

Calcul de $H_1 - H$

$H_1 = 69°\ 40'\ 30''$

$H = 69\ \ \ 23\ \ \ 30''$

$H_1 - H = \ \ \ \ \ 17'\ \ 00''$

$= 1020''$

$p + p_1 = \dfrac{H_1 - H}{\alpha\,(p - p_1)} = \dfrac{1020''}{4'',1 \times 10,3} = 24.2$

$p - p_1 = \ \ \ 10,3$

$2 p = \ \ \ 34,5$

$p = 17.25 \qquad p^2 = 299.3$

$\alpha\, p^2 = 299,3 \times 4'',1 = 1227'' = 20'\ 27''$

Calcul de α

Table 8 Juillet $\begin{cases} Lat = 40°\ N \\ D = 20°\ N \end{cases}$

$\alpha = 4'',1.$

$H = 69°\ 23'\ 30''$

$p^2 = \ \ \ \ 20\ \ 30$

v. mérid $\odot = 69°\ 44'\ 00''$

Calcul de la Latitude.

Correction de la hauteur

H inst. $\odot = 69°\ 44'\ 00''$

corr Cabross : $+ \ \ \ 10'\ 40''$

H approchée $\odot = 69°\ 54'\ 40''$

correction du demi diam $= - \ \ \ \ 14''$

Hv mérid $\theta = 69°\ 54'\ 26''$

prise face au Sud.

Dist. zénith $= 20°\ 05'\ 34''\ N.$

Heure approchée de Paris

$Hv L = 0^h\ 00^m\ 00^s\ le\ 23$

$Ge = 1\ 26^m\ \ \ Ouest$

$H app\ P = 1^h\ 26^m\ \ le\ 23.$

Calcul de D pour H app de Paris

à 0^h le 23 $D = 19°\ 56'\ 12''\ N$

pp pour $1^h 26 = - \ \ \ \ 45''$

à midi vrai du lieu $= 19°\ 55'\ 27''\ N$

Distance zénithale $= 20°\ 05'\ 30''\ N$

$D = 19\ \ \ 55\ \ \ 30''\ N$

Lat. méridienne $= 40°\ 01'\ 00''\ N$

Limite des circumméridiennes $= \ \ \ 27^m$ avant et après le passage.

Calcul de la Latitude.

3ᵉ. Par la hauteur de l'étoile Polaire.

Le 1ᵉʳ juillet 1896 vers 8ʰ 10 du matin (heure de la montre) par $\begin{cases} Le = 39° 52' N \\ Ge = 10° 2' O \end{cases}$

on a pris H inst. Polaire = 40° 54' Élévation 6ᵐ i = – 1' 20".

La montre a été réglée à midi vrai le 1ᵉʳ juillet et depuis ce moment on a fait 2° 15' à l'Est, soit 9ᵐ de changement Est en longitude.

Déterminer la Latitude.

Correction de la hauteur.

Par Caillet ou Caillet

H inst. Polaire =	40° 54' 00"
i =	– 1' 20"
H obs ☆ =	40° 52' 40"
Dépression =	– 11' 20"
H app ☆ =	40° 41' 20"
réfraction =	– 1' 10"
H v ☆ Polaire =	40° 47' 10".

Par Labrosse.

H obs ☆ =	40° 52' 40"
Correction Table 2 =	– 5' 30" Livre II.
H v ☆ =	40° 47' 10"

La correction est toujours soustractive.

Calcul de la Latitude.

Par la Connaissance des Temps.

Heure de la montre =	3ʰ 10ᵐ matin le 1ᵉʳ
chang. en long. depuis midi =	9 Est.
H v L =	15ʰ 19ᵐ le 1ᵉʳ
Ge =	1 14ᵐ Ouest.
H v L' =	15 33ᵐ le 1ᵉʳ

plus près que du 1ᵉʳ

Table 1 pour le ☉ A =	5ʰ 27ᵐ page 645
H v L. =	15 19
angle horaire S =	20ʰ 46ᵐ

Table III avec S = 20ʰ 46ᵐ Correction = – 48' 51" page 646.

H v ☆ Polaire =	40° 47' 10"
Correction =	– 48' 51"
Latitude =	39° 58' 19" N.

Il est bien attention au signe a donner à la correction.

Pour S compris entre 0ʰ à 6ʰ ou 18 et 24 C = –

6 et 12 12 et 18 C = +

Par les Tables de Labrosse.

H v L =	15ʰ 19ᵐ le 1ᵉʳ	
a correspond 2E = +	4	Conn. des Temps
H m Tr =	15ʰ 23ᵐ	Conn. des Temps
Le L Temps sidéral =	6 44	
Somme = Hsl =	22 07ᵐ	

Table 14 Livre 2 avec 22ʰ 07ᵐ Correction = – 51'

H v ☆ Polaire =	40° 47' 10"	
Correction =	– 51'	pour 1895.
Lat. approchée =	39° 56' 10"	N
Correction Table 15 = +	1'	
Latitude =	39° 57' 10"	N

La correction de la Table 15 est toujours additive à la Latitude approchée.

Type V.   (14)   Point observé.

Point à midi par une hauteur horaire et la hauteur méridienne du soleil

Le 13 avril .... vers 8ʰ35 du matin (heure du bord) par { Le = 33° 02' S
                                                                     { Ge = 31° 28' E.   on a pris,

H inst ☉ = 25° 57' 30" à heure ♉ = 9ʰ 23ᵐ 32ˢ. (Tm P-c) = 9ʰ 08ᵐ 02ˢ le 8 avril à 0ʰ Tm
        Élévation de l'œil 5ᵐ50   ι = -1' 00"   c = +2ˢ,1.

à midi on a pris face au Nord H inst mérid ☉ = 47° 36' 20"
et de 8ʰ 35 à midi le yacht a parcouru 42 milles au S 57° O du monde.

On demande le point observé à midi.

Calcul de l'approchée de Paris	Calcul de Tm P-c pour l'heure app de P	Calcul de H m P.

Heure du bord = 8ʰ 35 le 13 matin
              = 20ʰ 35 le 12
Ge = 2 06° Est

Happ Paris = 18ʰ 29ᵐ le 12

Tm P-c = 9ʰ 08ᵐ 02ˢ le 8 à 0ʰ Hm P
pour 15 jours × c + 10ˢ

Tm P-c = 9ʰ 08' 12ˢ à l'observation

C = 9ʰ 23ᵐ 32ˢ
Tm P-c = 9 08   12

Hm P = 18ʰ 31ᵐ 44ˢ le 12

Calcul des éléments Del Epour Hm P.

à 0ʰ Hm P le 12   D = 8° 58' 10" N   E = 11ʰ 59ᵐ 23ˢ,78
app. pour 18ʰ 31   = + 48' 30"   H = + 12ˢ,4

à Hm P   D = 9° 46' 40" N   E = 11ʰ 59ᵐ 35ˢ,12.

Δ = 90° ± D   d'où Δ = 99° 16' 40" (1)

Calcul de la Latitude méridienne
Calcul de l'heure app Paris.   Calcul de D pour cette heure

Estime de 8ʰ 35 à midi { ℓ = 16' 20" Sud
S 57° O 42 milles   { g = 35',7 Ouest
         Δév g = 46' Ouest

à 8ʰ 35 Ge = 31° 28' E
        g =   45' O

à midi Ge = 30° 42' E

en temps = 2ʰ 02ᵐ 48ˢ E.

Hr L = 0ʰ 00ᵐ 00ˢ le 13
Ge = 2 02 48 E

Happ P = 21ʰ 57ᵐ 12ˢ le 12

à 0ʰ le 12 D = 8° 58' 10" N
H pour 22ʰ = + 20'

à 0ʰ Hr L D = 9° 18' 10" N.

Calcul de la Latitude.

H inst mérid ☉ = 47° 36' 20"
ι = -   1' 00"

H obs ☉ = 47° 35' 20"
Correction Tabrese = + 11' 00"

Hv ☉ = 47° 46' 30" prise face au Nord.
dist Zénith = 42° 13' 30" S
D = 9° 18' 10" N

Lat mérid. = 32° 55' 20" S   (2)

$$L.\,at.\ m\acute{e}rid\ =\ 32^\circ\ 55'\ 20''\ \quad S$$
$$de\ 8^h35\ \grave{a}\ midi\ \text{-}l\ =\ \qquad 16'\ 20''\ \quad S$$

$$\grave{a}\ observation\ \,\mathrm{\L}\ =\ 32^\circ\ 39'\ 00''\ \quad S$$

Calcul de P.

$$\sin.\frac{P}{2} = \sqrt{\frac{\cos S\,(\sin.\,S\text{-}H)}{\cos L\ \sin.\,\Delta}}\;.$$

$$Log.\,\sin.\frac{P}{2} = colog.\cos L + colog\,\sin\Delta + Log\,\cos S + Log\,\sin.(S\text{-}H)\;.$$

Correction de la hauteur.

$$H\ inst.\ \mathcal{O} = 25^\circ\ 57'\ 30''$$
$$\iota = -\quad 1'\ 00''$$

$$H\ obs\ \mathcal{O} = 25^\circ\ 56'\ 30''$$
$$cor.\ \mathcal{E}.\ \mathcal{E}\ Caillet = +\quad 10'\ 10''$$

$$H\ v\ \Theta\ = 26^\circ\ 06'\ 40''$$

Par les Tables de Caillet.

$$H\ = 26^\circ\ 06'\ 40''$$
$$L\ = 32\quad 39\quad 00$$
$$\Delta\ = 99\quad 16\quad 40''\ (1)$$

$$colog\ \cos L = 0,074\,697$$
$$colog\ \sin \Delta = 0.005\,719$$

$$2\,S\ = 158\quad 02\quad 20''$$
$$S\ = 79\quad 01\quad 10''$$
$$S\text{-}H\ = 52\quad 54\quad 30''$$

$$Log\ \cos S = \bar{1},279\,844$$
$$Log.\ \sin S\text{-}H = \bar{1},901\,824$$

$$2\,Log.\ \sin\frac{P}{2}\ =\ \bar{1},262\,084$$

$$Log\ \sin\frac{P}{2}\ =\ \bar{1},631\,042$$

$$\frac{P}{2}\ =\ 25^\circ\,19'$$

$$en\ temps\ =\ 1^h\ 41^m\ 16^s$$

$$P\ =\ 3^h\ 22^m\ 32^s$$

Astre à l'Est $A\,v\,L = 24^h - P.$

$$H\,v\,L\ =\ 20^h\ 37^m\ 28^s\ le\ 12$$
$$E\ =\ 11\quad 59\quad 35$$

$$H\,m\,L\ =\ 20^h\ 37^m\ 03^s\ .\ le\ 12$$
$$H\,m\,P\ =\ 18\quad 31\quad 44^s\ le\ 12$$

$$(4)\ \ G\ =\ 2^h\ 05^m\ 19^s\ E\text{s}t$$

$$\grave{a}\ observation\ G\ =\ 31^\circ\ 19'\ 45''\quad E$$
$$de\ 8^h35\ \grave{a}\ midi\ g\ =\ \qquad 46'\ 00''\quad O$$

$$\grave{a}\ midi\ G\ =\ 30^\circ\ 33'\ 45''\quad E\;.$$

Point observé midi
$$L = 32^\circ 55' 20''\ S$$
$$G = 30^\circ 33' 45''\ E$$

Notes   (1) L et D sont de noms contraires donc $\Delta = 90^\circ + D$.

(2) On a observé la hauteur méridienne face au Nord, donc la dist. zénithale est Sud. La déclinaison étant Nord, la latitude méridienne est leur différence et prend le nom de la plus forte.

(3) Colog sin 99° 16' 40'' = et Prendre colog cos 9° 16' 40''

(4) $H\,m\,L$ est plus forte que $H\,m\,P$ _ La longitude est par suite E.

Point observé.

Type VI (15) Point par une hauteur horaire et la latitude estimée.
Rectification du point. — Droite de hauteur.

Le 17 avril ...... vers $8^h 15^m$ du matin, heure du bord par $\left\{ \begin{array}{l} Le = 23°45'\,N \\ Ge = 67°26'\,O \end{array} \right.$ on a pris :

H inst. $\odot = 55°05'50"$ à l'heure $C = 0^h 30^m 00^s$ (Tm P–G) $= 0^h 17^m 05^s$ à l'observatoire
élévation de l'œil 8^m pas d'erreur instrumentale.

Le calcul d'angle horaire terminé on a observé à midi H inst. $\odot = 76°08'20"$ face au Sud
de $8^h 15$ à midi l'estime donne 22 milles au N. 20 E du monde.

Déterminer le point observé à midi.

Calcul de l'heure approchée de Paris

Heure du lieu $= 8^h 15^m$ matin le 17
$\qquad = 20.15$ le 16
Gea $= H 27^m$ Ouest

Heure app. de Paris $= 0^h 42^m$ le 17

Calcul de Hm P

$Ce = 0^h 30^m 00^s$
Tm P–C $= 0^h 17^m 05^s$

Hm P $= 0^h 47^m 05^s$ le 17

Estime de $8^h 15$ à midi

N 20 E 22 milles

$l = 20'40"\,N \qquad e = 7'5\,E$

d'où $g = 8'\,E$

Correction de la hauteur

$H \odot = 55°05'50"$
Correct. Labrosse $= + 9'40"$

$H_v \odot = 55°15'50"$

Calcul de D et de E pour Hm P.

à 0^h le 17 Tm P $D = 10°46'50"\,N$
p.p. pour Hm P $+ 40" \qquad$ p.p $= - 0^s.45$

à Hm P $D = 10°31'30"\,N \qquad E = 11^h 59^m 30^s.92$
d'où dist. polaire $\Delta = 79°28'30"\ (90°-D)$

Calcul de l'heure moyenne et de G_1.

$$\sin \frac{P}{2} = \sqrt{\frac{\cos S \cdot \sin S-H}{\cos L \cdot \sin \Delta}} \quad \text{Logarithmes par Callet.}$$

Calcul de p par les différences logarithmiques
$\Delta' = +93 \qquad 2\Delta' = +186$

$H = 55°15'30"$
$Le = L_1 = 23°45'00"$ colog. cos $L = 0,03843$
$\Delta = 79°28'30"$ colog. sin $\Delta = 0,00787$

$2S = 138°29'00$
$S = 69°14'30"$ Log. cos $S = 9.52953 \qquad \Delta'' = -556$
$S-H = 33°59'00"$ Log. sin $S-H = 9.76741 \qquad \Delta''' = +313$

$2 \log. \sin \frac{P}{2} = 19.34244$
$\log. \sin \frac{P}{2} = 9.67137 \qquad d = 396 \qquad \frac{d}{2} = 198$
$\frac{P}{2} = 27°59'00" \qquad \frac{2\Delta'-\Delta''+\Delta'''}{198} = \frac{-57}{198} = -0^s.3$
$P = 55°58'00"$
$P = 3^h 43^m 52^s \qquad$ Calcul de p et de l'azimut par Labrosse

Conversion en temps T.XXI Callet.

Astre à l'est Ho.L $= 4^h 3'.E$ Av L $= 20^h 16^m 08^s$ le 16
$\qquad G = +11.59.51$

$\text{Table 10} \left\{ \begin{array}{l} L = 24° \\ G = 79° \text{ pages } 54 \text{ et } 55 \text{ pa} -0^s.3 \\ Hv = 55° \end{array} \right.$

Hm L $= 20^h 15^m 59^s$ le 16
Hm P $= 0.47.08$ le 17

$G_1 = 4^h 31^m 16^s$ Ouest

$G_1 = 67°51'30"\ O.$

Table 11 $\left\{ \text{avec } p = -0^s.3 \text{ et } L = 24' \right\}$

Azimut $= S. 86° E.$

Point déterminatif z. $\left\{ \begin{array}{l} L_1 = Lc = 23°45'\,N \\ G_1 = 67°51'30"\,O. \end{array} \right\}$ Ce point et l'azimut déterminent la droite de hauteur.

Transport de la droite à midi par l'estime.

$L_1 = Lc = 23°45'\,N$	$G_1 = 67°51'30"\ a$	Point déterminatif $\left\{ L'_1 = 24°05'40"\,N \right.$
de $8^h 15$ à midi $l = 20'40"\,N$	$g = 8'$	ramené $Z'_1 \left\{ G'_1 = 67°43'30"\ O. \right.$
$L'_1 = 24°05'40"\,N$	$G'_1 = 67°43'30"\ O.$	détermine la droite ramenée à midi

Latitude méridienne.

H obs $\odot = 76°08'20"$
Correction $= + 10'50"$

Hr méridi $\odot = 76°19'10"$ face au Sud.

Dist. zénithale $= 13°40'50"\,N$
$D = 10°34'40"\,N$

Lat. méridienne $= 24°15'30"\,N$

à midi $L = 24°15'30"\,N$

Calcul de D pour latitude méridienne.

Hr du lieu $= 0^h 00^m 00^s$ le 17
Long. approchée $= 4^h 31'$ Ouest

H app. Paris $= 4^h 31'$ le 17

à 0^h le 17 $D = 10°30'50"\,N.$
p.p. pour L 4.31 $= + 3'50"$

à midi du lieu $D = 10°34'40"\,N.$

Rectification du point Z'_1.

Calcul de l'erreur sur la latitude L'_1

$L = 24°15'30"\,N$
$L'_1 = 24°05'40"\,N$

$L - L'_1 = \Delta L'_1 = 9'50"$
$= 9.8$

Point observé à midi $Z \left\{ \begin{array}{ll} L_1 = 24°15'30"\,N. & G'_1 = 67°43'30"\ O. \\ G_1 = 67°42'45"\ O. & \Delta G_1 = -0'45" \\ & G_1 = 67°42'45"\ O. \end{array} \right.$

Correction de G'_1

pour erreur 1' en latitude $p = 0^s.3$
donc $\Delta G'_1 = p \times \Delta L'_1 = 0.3 \times 9.8 = 2.94$
et d'après la droite de hauteur $= 2.94$
en degrés $= -0'45"$

Sens à donner à la correction $\Delta G'_1$.

La latitude L'_1 est trop faible de $\Delta L_1 = 9.8$
puisqu'il s'agit de latitude Nord

Nous avons obtenu G'_1 en nous servant de L'_1

Traçons les deux parallèles de latitude L et L'_1 en
sur ce dernier marquons le point Z'_1 ayant G'_1
pour longitude

Menons par ce point la droite de hauteur suivant
HH' perpendiculairement ou extérieurement, vrai $Z'_1 A$ ou azimut de l'observation (S.86 E.)

Cette droite coupe au point Z le parallèle de latitude exacte.

Ce point Z détermine la longitude exacte $G_1 : N$ ou S droite de Z'_1

La correction à faire à G'_1 est $\Sigma'N$ (ΔG_1), par suite à retrancher de G'_1 puisqu'il
s'agit ici de longitudes Ouest.

Z est le point exact à midi sauf l'erreur en longitude provenant de l'estime
de $8^h 15$ à midi.

Faire ce tracé à vue, ou uniquement pour connaître le sens de la correction.

Type VII. — Point observé par deux hauteurs (Méthode de Lalande) (16).

Le 28 avril ...... vers $9^h 50$ du matin par $\begin{cases} Le = 41°02'40''\,N \\ Gre = 39°24'\quad O. \end{cases}$ on a pris :

à $9^h 50$ H inst. $\odot = 52°00'10''$ à $G_1 = 0^h 10^m 43^s$

et vers midi 50 H inst. $\odot = 60°51'20''$ $G_2 = 3\;10\;52$ T — P — C $= 0^h 16^m 31^s$ pour les 2 observations.

Élévation de l'œil 8^m. Erreur instrumentale nulle.

Entre les deux observations on a parcouru 21 milles au N.73E. du monde.

Déterminer le point exact à la seconde observation.

Calcul de l'estime de $9^h 50$ à $0^h 50$	Transport du point estimé à la seconde observation.	
N.73E. 21 milles $\begin{cases} l = 6'5 = 6'30''N. \\ e = 2'5 \text{ pui } g = 3'E \end{cases}$	$L_1 = Le = 41°02'40''\,N$ $l = \quad 6'30''\,N$ ———— à 0^h50 $L_1 = 41°09'10''\,N$	$G_{1e} = Ge = 39°24'\;O.$ $g = \quad 28'\,E$ ———— $G'_e = 38°56'\,E.$

1re Observation.   **2e Observation.**

$L_1 = Le = 41°02'40''\,N$ $L'_1 = L_2 = 41°09'10''\,N$

Calcul des HmP.

$HvL_1 = 9^h 50^m$ matin le 28 $= 21\;50$ le 27	$HvL_2 = 0^h 50^m$ le 28 $= 0^h 50^m$ le 28	
$Gre = 2^h 37^m$ Ouest	$Gre = 2^h 35^m$ Ouest	$C_1 = 0^h 10^m 43^s$ $C_2 = 3^h 10^m 52^s$
$Hvapp.P_1 = 0^h 27^m$ le 28	$Hvapp.P_2 = 3^h 25^m$ le 28	$TmP-C = 0^h 16^m 31^s$ $TmP-C = 0\;16\;51$
$HmP_1 = 0^h 27^m 14^s$ le 28	$HmP_2 = 3^h 27^m 23^s$ le 28	

Calcul des éléments D et E pour HmP_1 et HmP_2.

à $0^h HmP$ le 28 $D = 14°48'20''N$ p.p. pour $27^m = + 20''$	$E = 11^h 37^m 05^s 36$ $= 0'16$	$E = 11^h 37^m 05^s 56$ $= - 1^s 20$
à HmP_1 $D = 14°48'40''N$ d'où $\Delta_1 = 75°11'20''$	$= 11^h 37^m 05^s 40$	à HmP_2 $D = 14°55'40''N$ $\Delta_2 = 75°05'40''$	$= 11^h 37^m 04^s 30$

Correction des hauteurs.

	H inst. $\odot = 52°00'30''$	$= 60°51'20''$
Correct. table B	$= + 10'20''$	$= + 10'30''$
$H_v\odot = 52°10'50''$	$H_v\odot = 61°01'50''$

Calcul des angles horaires (Tables Caillet).

$\delta_1 = 52°10'50''$			
$L_1 = 41°09'10''$ coléq. cos $= 0,122522 + 2d'455$		$L_2 = 41°09'10'' = 0,122229 + 86$	
$\Delta_1 = 75°11'20''$ coléq. sin $= 0,014678$		$\Delta_2 = 75°09'00'' = 0,014755$	
$2S = 168°31'50''$		$2S = 177°20'00''$	
$S = 84°12'25''$ log. cos $= \overline{T},004041 + d''311$		$S = 88°40'00''$ log. cos $= \overline{2},366777 - 1559$	
$S.H = 32°01'35''$ log. sin $= \overline{T},724530 + d''51$		$S.H_2 = 27°38'10''$ log. sin $= \overline{T},666382 + 60$	
$2\log \sin \frac{P}{2} = \overline{2},865771$		$= \overline{2},171141$	
$\log \sin \frac{P}{2} = \overline{T},432885$ dont $\frac{d}{2} = 36$		$= \overline{T},085571 \quad 237 \quad 123$	
Table Labrosse $\begin{cases} avec\; p'_1 = -3,67 \end{cases}$	$\frac{P_1}{2} = 1^h 02^m 53^s$ $p'_1 = -5^s 67$	$= 0^h 27^m 58^s 5$ $p'_2 = -9^s 70$	
Azimut $= S.54E.$	$P_1 = 2^h 05^m 46^s$	avec $p'_2 = -9.7$ $P_2 = 0^h 55^m 57$	Azimut $= S.29.O$
(voir au type VI)			

Point observé par deux hauteurs.

Explication du graphique.

Portons sur la carte le premier point déterminatif z_1. (L_1 obtenu par l'estime au moment de la 1re observation, et G_1 donnée par le calcul d'angle horaire avec L_1).

Menons par ce point z_1 et très-exactement la droite de hauteur correspondante au relèvement vrai S. 54 E. donné soit par le calcul, soit par les Tables de Labrosse.

A partir de ce point z_1 traçons la route d'après l'estime (N. 7° E. 22,5) : le point ainsi obtenu z'_1 est le premier point ramené par l'estime au moment de la 2e observation. Il a pour coordonnées $L_2 = L_1 + l = L'_1$, $G'_1 = G_1 + g$.

Par z'_1 traçons la droite de hauteur de la 1re observation : c'est la première droite ramenée ; elle est le lieu géométrique des positions que peut occuper le navire au moment de la 2e observation, sauf l'erreur provenant de l'estime sur la route parcourue entre les deux observations.

Le second calcul donne un deuxième point déterminatif z_2 ayant pour coordonnées :

$$L_2 = L'_1 = L_1 + l \quad \text{et} \quad G_2.$$

Menons par z_2 la droite de hauteur correspondante au relèvement vrai S. 29° O. de la 2e observation.

Cette droite est encore le lieu géométrique des positions que peut occuper le navire au moment de la 2e observation.

L'intersection z de ces deux droites est donc la position exacte du navire au moment de la 2e observation.

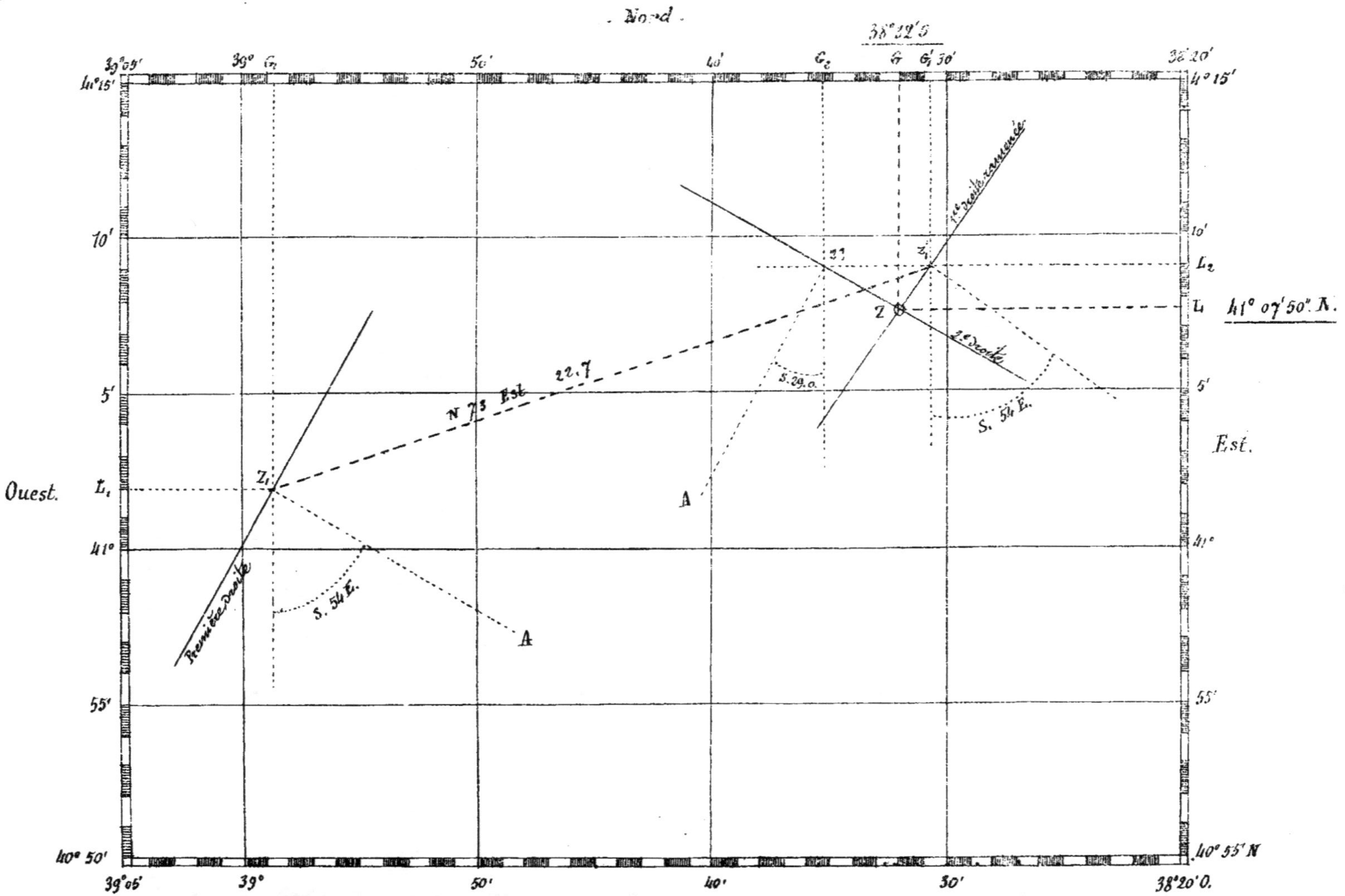

Nord.
Ouest.
Est.
39°05'
39° G₁
50'
40'
G₂
G G₁30'
38°20'
38°22'5
41°15'
10'
L₂
L   41° 07'50" A.
5'
41°
55'
40°50'
40°55' N
38°20'0.
Z₁
Z₂
Z
Z'₁
A
A
Première droite
1re droite ramenée
2e droite
N 73 Est   22.7
S. 54 E.
S. 54 E.
S. 29.0.

Type VIII (17). Point observé.

Point par une hauteur d'étoile et la hauteur de la Polaire.

Le 10 Octobre 1896 vers minuit 35^m (heure vrai du bord) par { Le = 37°50' N. / Ge = 44°18' O. } on a pris :

H instrum. Aldébaran = 46°30' à l'heure C = 7^h 54^m 28^s Tm P-C = 7^h 33^m 30^s à l'observation
Élévation 6^m 50 — Erreur instrumentale nulle.
ou H inst. Polaire = 39°07' — Relèvement d'Aldébaran = S.56 E. Cap au S.70 E.

Déterminer le point exact et la variation du compas.

Calcul de la Latitude.

Correction de la hauteur

Par les Tables de Labrosse.

H obs Polaire = 39° 07' 00"
Correction Livre H. Table 2 = − 5' 50"

Haut. Polaire = 39° 01' 10"

Par les Tables de Callet ou Caillet

H obs = 39° 07' 00"
Dépression app = − 4' 30"

H app = 39° 02' 30"
Réfraction = − 1' 10"

Hv = 39° 01' 20"

Latitude par Labrosse.

Hv bord = minuit 35^m le 10 Octobre
Hv I = 12^h 35^m le 9
Correspond le 9 E = 11^h 46^m

Hv I_p = 12^h 21' le 9
Cdes T. sidéral le 10 = 13 18

Somme = Hv I = 25^h 39' retrancher 24^h
= 1^h 39'

Hv = 39° 01' 10"
E. du livre 9 avec H 39 = −1° 15' 00"

Lat. approchée = 37° 46' 10" N
Correction T 15 = 0' 00"

Lat. exacte = 37° 46' 10" N.

Latitude par le Conn. des Temps

Hv I = 12^h 35^m le 9 Octobre
Ge = 2 56 Ouest

Tv app. = 15^h 31^m le 9
donc plus près du 10 que du 9.

Table I pour le 10 a = 11^h 43' p. 644
Hv L = 12^h 35

Angle horaire S = 24^h 18' = 0^h 18'

Table III avec S = 0^h 18
Correction = − 74' 14"
= − 1° 14' 14"

Hv Polaire = 39° 01' 20"
Correction = 1° 14' 20"

Lat. exacte = 37° 47' 00"

Pour le calcul nous prendrons L = 37°46'10" N.

Type VIII (Suite). Calcul de Pa, de l'heure moyenne et
de la longitude.

Correction de la hauteur.   Valeur des éléments De Ra"

             H obs ✶ Aldébaran = 46°30' 00"   page 482 Conn. des Temps pour le 6 Octobre.
Table 2. Labrosse. Livre II. Correction = – 5' 20"
                                               Aldébaran D = 16°18' 20" N.
             H ✶ ✶   = 46°24' 40"   AR✶ = 1ʰ 30ᵐ 01ˢ

                                               Δ = 73°41' 40" (90°–D).

Calcul de Hm P   Calcul de Rm.

     C = 7ʰ   54ᵐ 22ˢ   le 9 à 0ʰ Hm P Ts = 13ʰ 14ᵐ 22ˢ,7
TmP C = 7   23 30   p.p. pour – Hm P = +   2 30ˢ,8

Hm P = 15ʰ 17ᵐ 52ˢ le 9 Octobre.   à Hm P Rm = 13ʰ 16ᵐ 53ˢ,5

$$\sin \frac{P}{2} = \sqrt{\frac{\cos S . \sin S - H}{\cos L . \sin \Delta}}$$

Tables de Callet.

H ✶ ✶ = 46°24' 40"   Calcul de p pour la variation
    L = 37 46 10 colog. cos L = 0,10211   2 d' = + 528
    Δ = 73 41 40 colog. sin Δ = 0,01783

   2 S = 157° 52' 30"
    S = 78 56 15 log. cos. S = 9,28302   d" = – 1077
  S –H = 32 31 35 log. sin S–H = 9,73053   d''' = + 330

        2 log. sin P/2 = 19,13549
         log. sin. P/2 = 9,56775   d/2 = 265

              P/2 = 21° 38' 20"   p = – 1,6

              Pa = 43° 16' 40"   Pour la Table 11 Labrosse Livre 2.
                 = 2ʰ 53ᵐ 06ˢ
Astre à l'Est   Ha = 24ʰ – Pa Ha = 21ʰ 06ᵐ 54ˢ   p = – 1,6 }
                AR a = 4 30 01   L = 37°   } Z ✶ = S.72 E.
Hs L = Ha + AR a. Hs L = 25ʰ 36ᵐ 55ˢ
              Hs L = 1ʰ 36ᵐ 55ˢ   Azimut vrai = S. 72 E.
              Rm = 13 16 53,5   compas = S. 56 E.

Hm L = Hs – Rm   Hm L = 12ʰ 20ᵐ 01ˢ,5 le 9   variation = 16° N.O.
                    Hm P = 15 17 52 le 9
                    G = 2ʰ 57ᵐ 50ˢ,5 ouest
                      = 44° 27' 30" O.

         Pour observé Z { L = 37° 46' 30" N   Variation 16° N.O. cap au S.70 E.
                        { G = 44° 27' 30" O
Obs: (1) Prendre D et Ra pour la date la plus rapprochée. (2) Si Hs est plus petit que Rm, ajouter 24ʰ à Hs.

Type IX. (18).   Déterminer la variation à la mer.

Le 19 Mars ..... vers 7ʰ 50 du matin (heure vraie du bord) par { Le = 8°15' N. / Ge = 50°45' O. } on a pris :

H inst ☉ = 27° 31' 00" à heure C = 11ʰ 05ᵐ 19ˢ Tr. P – C = 0ʰ 18ᵐ 00ˢ,5 à l'observation
Élévation de l'œil 8ᵐ. Erreur instrumentale i = 0.
Le relèvement du Soleil au compas est S 80° E. Cap au N. 62° O.
Calculer l'heure moyenne du lieu et la variation du compas.

Calcul de l'heure approchée de Paris	Calcul de HmP	Calcul de D et E pour HmP
Hv bord = 7ʰ 50ᵐ matin le 19	C = 11ʰ 05ᵐ 19ˢ	à 0ʰ HmP le 18 D = 0° 54' 10",5
Hv L = 19ʰ 50ᵐ le 18	Tr. P – C = 0. 18 00,5	p.p. pour HmP = – 22' 27"
à vue E = 0ʰ 08ᵐ		à HmP D = 0° 31' 13" S
HmL = 19ʰ 58ᵐ le 18	HmP = 11ʰ 25ᵐ 19ˢ,5	d'où Δ = 90° 31' 13"
Ge = 3. 23 Ouest.	= 23ʰ 23ᵐ 19ˢ,5 le 18	
HmP appr. = 23ʰ 21ᵐ le 18		à 0ʰ HmP le 18 E = 0ʰ 08ᵐ 11ˢ,95
		p.p. pour HmP = – 17,4
Correction de la hauteur		à HmP E = 0ʰ 07ᵐ 54ˢ,55
H obs. ☉ = 27° 31' 00"		
C.I Labrosse = + 8' 50"		
Hv ☉ = 27° 39' 50"		

Calcul de P et de l'azimut Zv.

$$\sin \frac{P}{2} = \sqrt{\frac{\cos S \, \sin S-H}{\cos L \, \sin \Delta}}$$

H = 27° 39' 50"
L = 8° 13' 00"   colog cos L = 0,00448
Δ = 90° 51' 10"   colog sin = 0,00002 (1)

2 S = 123° 24' 00"
S = 61° 42' 00"   log cos S = 9,65406
S–H = 85° 32' 10"   log sin S-H = 9,764 84
(2) Δ–S = 27° 19' 10"
2 log sin $\frac{P}{2}$ = 19,4 22 0

Par table 9 Labrosse. Livre II p. 7. P = 4ʰ 07ᵐ 45ˢ
Astre à l'Est. Hv = 24ʰ – P. HmL = 19ʰ 52ᵐ 15ˢ le 18
E = 0 07 55

HmL = 20ʰ 00ᵐ 10ˢ le 18

{ HmL = 20ʰ 00ᵐ 10ˢ le 18 mars
{ variation = 5° N.O. Cap au N. 62° O.

$$\cos \frac{Z}{2} \sqrt{\frac{\cos S \, \cos (S-\Delta)}{\cos H \, \cos L}}$$

Colog. cos H = 0,05272
colog. cos L = 0,00448

log. cos S = 9.65406

log. cos Δ-S = 9.94863

2 log. cos $\frac{Z}{2}$ = 19.659 89
log. cos $\frac{Z}{2}$ = 9.829 94

$\frac{Z}{2}$ = 47° 28' Zv = N 94° 56' E.

Azimut vrai = N. 95 E.
au compas = N. 100 E.

(3) Variation = 5° N.O.

Notes (1) Colog. sin. 90° 31' 10" = Colog. cos. 0° 31' 10".
(2) Prendre indifféremment S–Δ ou Δ–S selon que S est > ou < Δ.
(3) Relèvement S. 80 E = N. 100 E. Il faut ramener au même pôle.
(4) Nᵉ à gauche de Nᵛ, donc variation est N.O.

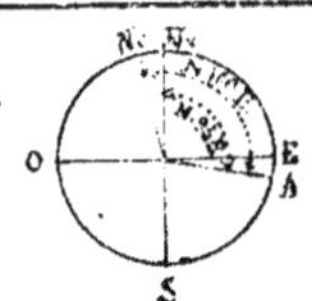

Type IX   2°.— Par une hauteur et les Tables de Labrosse (tome second).
(Suite) (19).

Le — — — — par Le = 22° 45 N   on a pris H obs ☉ = 34° 56'
relèvement au compas N 65 E   Cap au S. 22 E.

Déterminer la variation.

On vue   D = 17° 22' N
         Δ = 72° 38'

Calcul de la correction Pagel   Calcul de l'azimut.

Table 10 { Latitude = 23° N }   Table 11 { Latitude = 23° (le pôle élevé au Nord
p. 42 {   Δ = 73   } p = + 0,4   {
       {   H = 35   }   { p = + 0,4 Zv = N. 84 E.

                  Azimut vrai = N. 84 E
                  compas   = N. 65 E

Nc à droite de Nv.   Variation = 19° NE cap au S. 22 E.

____

3°.— Par l'heure vraie du bord et les Tables d'azimut de Labrosse (tome I).
(20) Le 13 avril — — — vers 8h 35m du matin (heure vraie du bord) on a pris H ☉ = 26° 10'
      par L = 33° 02' S.   Relèvement au compas N 72 E.   Cap au N. 20 O.
                  Déterminer la variation.

On vue D = 9° N   Tables d'azimut { H. L = 8h 35m   le pôle élevé au Sud.
        Δ = 99°   p. 75   { L = 33° Sud   } Zv = S. 122 E.
                                       { Δ = 33°

Relèvement N 72 E.   Azimut vrai = S. 122 E.
                  ou   compas   = S. 108 E.

Sc à gauche de Sv   Variation = 14° N. O.   Cap au N. 20 O.

____

° (21)   Par le relèvement de l'Étoile polaire.
      Le 17 Décembre 1896 vers 5h du matin (heure vraie du bord) par { Le = 32° 25' N
      on a relevé la Polaire au N. 7 E du compas.   { Gre = 124° 30' E

                  Déterminer la variation

Variation approchée = 7° N. O.   Calcul de l'angle horaire S.
Hr bord = 5h du matin le 17   Valeur de A le 16 = 16h 17m (S. 655 C. des E.)
Hr L = 17h 00m   le 16   Hr L = 17. 00
Gre = 8h 18m   le 16
                                    (1)   S = 33h 17m = 9h 17m
T. V. P approché = 8h 18m   le 16

                                    Table des azimuts de la Polaire (p. 652)

                                    (2) avec { S = 9h 17m { Zv* = N 0° 57' O
                                             { L = 32°

Notes.— (1) Si S en plus grand que 24h retrancher 24.   Azimut vrai = N. 0° 57'. O.
        (2) Si S est compris entre 0h a 12h, l'azi-   compas   = N. 7° E
            mut se compte du Nord vers l'Ouest.
            Si S compris entre 12 et 24h l'azimut   variation = 7° 57' N. O. = 8° N. O.
            se compte du Nord vers l'Est.   Nc à gauche de Nv.

Type X (22).

Calcul de l'état absolu d'un chronomètre
par des hauteurs du Soleil prises à l'horizon artificiel.

Le 2 Avril ..... vers 5h du soir dans un lieu dont la position exacte est $L = 14° 56' 10'' N.$ on a pris à l'horizon artificiel, les séries
$G = 63° 24' 21'' O.$

suivantes du ☉.

$H_1 = H$ inst ☉ $= 67° 04' 10''$ à $M_1 = 6^h 06^m 30^s$ | $66° 38' 40''$ à $6^h 07^m 22^s$ | $65° 45' 10''$ à $6^h 09^m 15^s$
H_2 $= 66° 49' 50''$ $M_2 = 06^m 57^s$ | $66° 24' 00''$ 6 07 50 | $65° 36' 10''$ $09^m 33^s$

Comparaison $C - M = 1^h 40^m 38^s$ (HmP − C approchée $= 0^h 17^m 13^s, 8$ $t = + 1'40''$
Déterminer l'état absolu de C au moment de l'observation.

Première série.		Deuxième série.		Troisième série.	
H_1 H inst ☉ $= 67° 04' 10''$ à $M_1 = 6^h 06^m 30^s$		$= 66° 35' 40''$ à $M_1 = 6^h 07^m 22^s$		$= 65° 45' 10''$ à $M_1 = 6^h 09^m 15^s$	
H_2 $= 66\ 49\ 50$ $= 6\ 06\ 57$		$= 66° 24' 00''$ $M_2 = 6\ 07\ 50$		$= 65° 36' 10''$ $M_2 = 6\ 09\ 33$	
Somme $= 135° 54' 00''$ $= 12^h 13^m 27^s$		$= 133° 02' 40''$ $= 12^h 15^m 12^s$		$= 131° 21' 10''$ $= 12^h 18^m 48^s$	
H demi somme $= 66° 57' 00''$ à M $= 6^h 06^m 43^s,5$		$= 66° 31' 20''$ M $= 6^h 07^m 36^s$		$= 65° 40' 40''$ M $= 6^h 09^m 24^s$	
$t = + 1' 40''$ G−M $= 1\ 40\ 38$		$= + 1'\ 40''$ $= 1\ 40\ 33$		$= + 1'\ 40''$ $= 1\ 40\ 38$	
H moy. obs. ☉ $= 66° 58' 40''$ C $= 7.47\ 21.5$		$= 66° 33' 00''$ C $= 7^h 48^m 14^s$		$= 65° 42' 20''$ C $= 7^h 50^m 02^s$	
dont la moitié est : HmP−C $= 0\ 17\ 13,8$		$= 0^h 17^m 13^s,8$		$= 0^h 17^m 13^s,8$	
de : $= 39° 29' 20''$ à HmP $= 8^h 04^m 35^s,3$ le 2 Avril		$= 33° 16' 30''$ à HmP $= 8^h 05^m 27^s,8$ le 2 avril		$= 32° 51' 10''$ à HmP $= 8^h 07^m 15^s,8$ le 2 avril	

Correction des Hauteurs.

	Première	Deuxième	Troisième
H. obs. ☉	$= 33° 29' 20''$	$= 33° 16' 30''$	$= 32° 51' 10''$
réfraction	$= - 1' 30''$	$= - 1' 30''$	$= - 1' 30''$
H app. ☉	$= 33° 27' 50''$	$= 33° 15' 00''$	$= 32° 49' 40''$
parallaxe	$= + 7''$	$= + 7''$	$= + 7''$
Hv ☉	$= 33° 27' 57''$	$= 33° 15' 07''$	$= 32° 49' 47''$

= 39° 33' 37" = 82° 33' 40"

Hv ☉ = 33° 11' 47" = 33° 11' 50"   = 32° 58' 57" = 32° 59' 00"   = 32° 33' 7" = 32° 33' 40"

Calcul de D et E pour Hm P.

Le 2 à 0^h Hm P   D = 4° 58' 13", 4 N.   E = 0^h 03^m 37^s, 57
p.p. pour Hm P = + 7' 42"   = — 6^s, 00

à Hm P   D = 5° 05' 55", 4   à Hm P.E = 0^h 03^m 31^s, 57
d'où   Δ   84° 54' 04", 6

Calcul des heures moyennes.

H = 33° 11' 50"
L = 14 36 10   colog.cos L = 0,0142606
Δ = 84 54 05   colog.sin Δ = 0,0017219

2S = 132° 42' 05"
S = 66 21 02   log.cos S = 9.6032956
S-H = 33 09 12   log.sin S-H = 9.7378932

2 log.sin P/2 = 19.3571713
log.sin P/2 = 9.6785856
P/2 = 28°29'40"

P = 56°59'20" et en temps   P = 3^h 47^m 57^s.2 = 57°12'40"
Astre à l'Ouest H+L=P   H+L = 3^h 47^m 57.2
E = 0, 03 31.6

Hm L = 3^h 51^m 28^s.8
G = 4 13 37, 6 Ouest.

Hm P = 8^h 05^m 06^s.4
C = 7 47 21,5

État absolu   Tm P-C = 0^h 17^m 44^s.9

= 32° 59' 00"
= 14 36 10   = 0, 0142606
= 84 54 05   = 0, 0017219

= 132° 29' 15"
= 66 14 37   = 9. 6051411
= 33 15 37   = 9. 7391547

= 19. 3602533
= 9. 6801292
= 28° 36' 20"

= 57°12'40"   = 3^h 48^m 54^s.4
= 3^h 48^m 50^s. 4
= 0, 03 31^s, 6

= 3 52 22, 0
= 4. 13 37, 6 Ouest.

= 8^h 05^m 59^s, 6
= 7. 48 14,

= 0^h 17^m 45^s, 6

= 32° 33' 40"
= 14 36 10   = 0, 0142606
= 84 54 05   = 0, 0017219

= 132° 03' 45"
= 66 01 52   = 9. 6087833
= 33 28 12   = 9. 7415456

= 19. 3663114
= 9. 6831557
= 28°49'30"

= 57°39'00"   = 3^h 50^m 36^s
= 3^h 50^m 36^s
= 0, 03 31,6

= 3 54 07.6
= 4 13 37, 6 Ouest.

= 8^h 07^m 45^s. 2
= 7. 50 02

= 0^h 17^m 43^s. 3

Prendre la moyenne des trois états a l'ou a. Tm P-C = 0^h 17^m 44^s,6 à 8^h 06^m 17^s Hm P, moyenne des trois Hm P.

Table des Matières.

Table des Types de Calcul.

Type I { Estime. { 1 Point estimé
2 Angle de route et distance entre deux points.
3 Calcul du courant.

Type II { Chronomètres { 4 Déterminer l'heure moyenne de Paris par un chronomètre
5 Régler un chronomètre par sa comparaison à un signal horaire
6 ------ id ------ à une pendule réglée
et détermination de la marche diurne.

Type III { Correction { 7 Correction complète d'une hauteur de soleil
des 8 - id - simplifiée par les tables Labrosse ou Caillet
Hauteurs. { 9 Correction d'une hauteur de soleil prise à l'horizon artificiel
10 - id - d'une hauteur d'étoiles.

Type IV { Latitude { 11 Latitude par la hauteur méridienne du Soleil
observée. { 12 des circumméridiennes du Soleil.
13 par l'étoile Polaire (2 Méthodes).

Type V { Point observé. { 14 Point observé à midi par une hauteur horaire et
la hauteur méridienne du soleil.

Type VI { Point observé. { 15 Par une hauteur horaire et la latitude estimée
Rectification du point après la méridienne.

Type VII { Point observé { 16 Point par deux hauteurs (Méthode de Lalande)
graphique.

Type VIII { Point observé { 17 Point par une hauteur d'étoile et la hauteur de la Polaire.
la nuit

Type IX { Variation { 18 Déterminer la variation par une hauteur de soleil et le calcul
à 19 par une hauteur de soleil et Labrosse (Tome)
la mer { 20 par l'heure vraie du bord et les tables d'azimut
21 par le relèvement de l'étoile Polaire — de Labrosse.

Type X { État absolu { 22 Calcul de l'état absolu d'un chronomètre par des hauteurs de soleil prises à l'horizon artificiel.